人工宝石学

主　编　田培学　石同栓
副主编　田　政　吴莉娟　李金樀
　　　　李晓丽　庞丹丹　赵庆华

RENGONG
BAOSHIXUE

中国地质大学出版社有限责任公司
ZHONGGUO DIZHI DAXUE CHUBANSHE YOUXIAN ZEREN GONGSI

内 容 提 要

本书以最新研发成果,系统地论述了人工宝石的分类、命名和发展态势,较详细地介绍了合成宝石、人造宝石、拼合宝石、再造宝石和改善宝石的制作工艺以及人工宝石的特性和鉴别依据。

本书内容简明扼要、通俗易懂,既注重人工宝石的研制原理和生成特征,又注重体系的完整性和实用性,适宜用作宝石学专业和珠宝职业技术培训的教材,亦可供从事人工宝石生产、贸易和珠宝鉴定的人员作技术参考。

图书在版编目(CIP)数据

人工宝石学/田培学,石同栓主编.—武汉:中国地质大学出版社,2009.8(2023.1重印)

ISBN 978-7-5625-2352-9

Ⅰ.人…

Ⅱ.①田…②石…

Ⅲ.人工合成-宝石

Ⅳ.TQ164

中国版本图书馆 CIP 数据核字(2009)第 143554 号

人工宝石学   田培学   石同栓   **主编**

责任编辑:张 琰	技术编辑:阮一飞	责任校对:林 泉
出版发行:中国地质大学出版社(武汉市洪山区鲁磨路388号)		邮政编码:430074
电话:(027)67883511	传真:67883580	E-mail:cbb@cug.edu.cn
经 销:全国新华书店		http://www.cugp.cn
开本:787毫米×960毫米 1/16	字数:237千字 印张:11.875	彩插:4
版次:2009年8月第1版	印次:2023年1月第7次印刷	
印刷:武汉乐生印务有限公司	印数:5 001—7 000 册	
ISBN 978-7-5625-2352-9		定价:32.00元

如有印装质量问题,请与印刷厂联系调换。

21世纪高等教育珠宝首饰类专业规划教材

编 委 会

主任委员：

朱勤文　　中国地质大学(武汉)党委副书记、教授

委　　员(按音序排列)：

陈炳忠　　梧州学院艺术系珠宝首饰教研室主任、高级工程师
方　泽　　天津商业大学珠宝系主任、副教授
郭守国　　上海建桥职业技术学院珠宝系主任、教授
胡楚雁　　深圳职业技术学院副教授
黄晓望　　中国美术学院艺术设计职业技术学院特种工艺系系主任
匡　锦　　青岛经济职业学校校长
李勋贵　　深圳技师学院珠宝钟表系主任、副教授
梁　志　　中国地质大学出版社社长、研究员
刘自强　　金陵科技学院珠宝首饰系主任、教授
秦宏宇　　长春工程学院珠宝教研室主任、副教授
石同栓　　河南省广播电视大学珠宝教研室主任
石振荣　　北京经济管理职业学院宝石教研室主任、副教授
王　昶　　广州番禺职业技术学院珠宝系主任、副教授
王莆锐　　海南职业技术学院珠宝专业主任、教授
王娟鹃　　云南国土资源职业学院宝玉石与旅游系主任、教授
王礼胜　　石家庄经济学院宝石与材料工艺学院院长、教授
肖启云　　北京城市学院理工部珠宝首饰工艺及鉴定专业主任、副教授
邢莹莹　　华南理工大学广州汽车学院珠宝系

徐光理　天津职业大学宝玉石鉴定与加工技术专业主任、教授
薛秦芳　中国地质大学(武汉)珠宝学院职教中心主任、教授
杨明星　中国地质大学(武汉)珠宝学院院长、教授
张桂春　揭阳职业技术学院机电系(宝玉石鉴定与加工技术教研室)系主任
张晓晖　北京经济管理职业学院副教授
张义耀　上海新侨职业技术学院珠宝系主任、副教授
章跟宁　江门职业技术学院艺术设计系副主任、高级工程师
赵建刚　安徽工业经济职业技术学院党委副书记、教授
周　燕　武汉市财贸学校宝玉石鉴定与营销教研室主任

特约编委：

刘道荣　中钢集团天津地质研究院有限公司副院长、教授级高工
　　　　天津市宝玉石研究所所长
　　　　天津石头城有限公司总经理
王　蓓　浙江省地质矿产研究所教授级高工
　　　　浙江省浙地珠宝有限公司总经理

策　划：

梁　志　中国地质大学出版社社长
张晓红　中国地质大学出版社副总编
张　琰　中国地质大学出版社教育出版中心副主任

改版说明

——记庐山全国珠宝类专业教材建设研讨会之共识

中国地质大学出版社组织编写和出版的"高职高专教育珠宝类专业系列教材"从2007年9月面世至今已经过去三年。为了全面了解这套教材在各校的使用情况及意见,系统总结编写、出版、发行成果及存在问题,准确把握我国珠宝教育教学改革的新思路、新动态、新成果,中国地质大学出版社在深入各校调研的基础上,发起了召开"全国珠宝类专业课程建设研讨会"的倡议,得到各校专家的广泛响应。2010年8月10日~13日,来自全国27所大中专院校的48位珠宝教育界专家汇聚江西庐山,交流我国珠宝教育成果,研讨课程设置方案,并就第一版教材存在的问题、新版教材的编写方案等达成以下共识。

一、第一版教材存在的问题及建议

按照2005、2006年商定的编写和出版计划,"高职高专教育珠宝类专业系列教材"共组织了十多所院校的专家参加编写,计划出版20本,实际出版12本,从而结束了高职高专层次珠宝类专业没有自己的成套教材的历史。在编写、出版、发行过程中存在的主要问题是:

(1)整套教材在结构上明显失衡,偏重宝玉石加工与鉴定,首饰设计、制作工艺、营销和管理方面的教材比重过小。已经出版的12本教材中,属于宝石学基础、宝玉石鉴定方面占2/3,而属于设计、制作工艺、管理及营销方面的只占1/3,不能满足当前珠宝首饰类专业人才培养的需要。造成这种状况的一个重要原因是,编委会所组织的参编学校中,结晶学、矿物学、岩石学基础普遍较好,宝石加工、鉴定力量较强,而作为首饰设计、制作工艺基础的艺术学基础和作为经营管理基础的管理学相对薄弱。因此建议在改版时加强薄弱环节,并补充急需的教材选题。

(2)编写计划在各校实施不平衡,金陵科技学院、安徽工业经济职业学院、上海新侨学院、上海建桥学院等院校较好地完成了预定编写计划。但有些学校由于各种原因,计划实施得并不顺利,有些学校甚至一本都没有完成。造成有些用量很大而极其重要的教材至今仍然没有出来,影响了正常的教学需要。因此建议改版时将这些选题作为重点重新配备编写力量,以保证按时出版。

(3)或多或少都存在着内容重复或缺失现象。调查发现,有的内容多本教材涉及,但又都没交代清楚,感觉不够用;而有的重要内容,相关教材都未涉及。造成这种状况的一个重要原因是,主编单位由编委会指定,既没有发动各校一起讨论编写大纲,也没有组织编委会审稿,主要由主编依据本校教学要求编写定稿,无法充分考虑其他学校的基本要求和吸收各校的教学成果。因此建议加强各校之间的交流,改版时主编单位拟好编写大纲后要广泛征求使用单位的意见,编委会要对大纲和初稿审查把关,以确保编写质量。

二、新版教材的编写方案

(1)丛书名称改为"21世纪高等教育珠宝首饰类专业规划教材",以适应服务目标的变化。第一版的目标定位是以满足高职高专教育珠宝类专业教学需要为主,兼顾中职中专珠宝教育及珠宝岗位培训需要。当时根据高职高专教育主要培养高技能人才的目标要求,提出了五项基本要求:以综合素质教育为基础,以技能培养为本位;以社会需求为基本依据,以就业需求为导向;以各领域"三基"为基础,充分反映珠宝首饰领域的新理念、新知识、新技术、新工艺、新方法;以学历教育为基础,充分考虑职业资格考试、职业技能考试的需要;以"够用、管用、会用"为目标,努力优化、精炼教材内容。

这几年,珠宝教育有了比较大的变化,社会对珠宝人才的需求也有变化,其中上海建桥学院、南京金陵学院、梧州学院等院校已经升为本科,原来的目标定位和编写要求已经不合适。为此,编委会经过认真研究,决定将丛书名改为"21世纪高等教育珠宝首饰类专业规划教材",以适应培养珠宝首饰行业各类应用人才的需要,同时兼顾中职中专及岗位培训的需要。在内容安排上,要反映珠宝行业的新发展和珠宝市场的实际需求,要反映新的国家标准,要突出实际操作和应用能力培养的需求。

(2)调整和充实编委会,明确编委会职责,增强编委会的代表性和权威性。与会代表建议,在原有编委会组成人员的基础上,广泛吸收本科院校、企业界的专家参与,进一步充实编委会,增强其权威性。在运作上,可以分成两个工作组,一个主要面向研究型人才培养的,一个主要面向应用型人才培养的。编委会的主要职责是:①拟定编写和出版计划、规范、标准等,为编写和出版提供依据;②确定主编和参编单位,审定编写大纲,落实编写和出版计划;③审查作者提交的稿件,把好业务质量关;④监督教材编辑出版进程,指导、协调解决编辑出版过程中的业务问题。

(3)按照分批实施、逐步推进的思路确定新的编写计划。编委会计划用三年时间构建一个"21世纪高等教育珠宝首饰类专业规划教材"体系,整个体系由基础、鉴定、设计、加工、制作、经营管理、鉴赏等模块组成,每个模块编写3~6门主干课程的教材,共计编写、出版教材32种。与原来的体系相比,新体系着重加强了制作(8种)、设计(4种)、经营管理(4种)等模块的分量,并增列了文化与鉴赏方面的教材。会上,按照整合各校优势、兼顾各校参编积极性的原则,建议每种教材由1~2所学校主编,其他学校参编;基础好的学校每校可以主编2~3种教材,参编若干种。

编写出版的进度安排:2010年底前完成编写大纲的修订、定稿工作,确定每个年度的编写和出版计划,修编出版珠宝英语口语等选题;2011年秋季参编宝石学基础、贵金属材料及首饰检验、首饰设计与构思、翡翠宝石学基础、首饰制作工艺、珠宝首饰营销基础、首饰评估实用教程、钻石及钻石分级、宝石鉴定仪器与鉴定方法等;其他品种2011年着手编写/修编,争取2012年秋季出版。

《21世纪高等教育珠宝首饰类专业规划教材》编委会
2010年7月6日于武汉

前　言

　　人工宝石作为天人合一的物华天宝,是历代科学家以天然宝石为鉴研制的饰品材料。20世纪70年代以来,由于国际珠宝贸易量大幅度上升,极大地激发了人们对人工宝石的研发兴趣。目前在珠宝市场上流通的人工宝石,已有合成宝石、人造宝石、拼合宝石、再造宝石和改善宝石五大集群,占据了珠宝市场的半壁江山,试与天生丽质的天然宝石争美斗艳,一比高下。

　　人工宝石与天然宝石一样,可分为单晶质人工宝石、多晶质人工玉石和有机宝石三种类型,与天然珠宝玉石一样,具有美观性、耐久性和装饰性。与天然宝石相比,人工宝石具有无可比拟的低廉价格优势,能更充分满足广大消费者的需求。随着社会的发展和科技的进步,人工宝石的生产工艺和加工技术日益更新、成熟。人工宝石以其特殊的魅力得到了人们的青睐,成为珠宝市场不可或缺的组成部分。

　　众所周知,人工宝石是在实验室和工厂里研制出来的,物美价廉的宝石。一方面它可以缓解珠宝市场供需矛盾、弥补天然宝石不足;另一方面它又是高科技领域和国防科研领域的重要应用材料。因此,研发人工宝石材料,已成为一门独立的专业学科——人工宝石学。可以预知,社会对人工宝石会提出越来越多、越来越高的要求,人工宝石学将会在社会需求环境下得到更新、更快的发展。

　　为适应我国人工宝石专业的发展,培养高素质实用型的研制和鉴评人工宝石的科技人才,已成为各级各类科研院校的当务之急和长期战略任务。我们在数十年的珠宝教学实践和监督检验工作中,以国标(GB)为纲,教育为目的,博览经典、查新讯息、积木成林,成文七章。本教材系统地论述了人工宝石的定义、分类、命名、生产工艺、产品特征、鉴别依据和检验方法。既注重人工宝石研制的基本知识,又着力阐述人工宝石与天然宝石的区分标志性依据,力求系统完整、内容丰富,同时简明扼要、通俗易懂。

本书由概论、合成宝石、人造宝石、拼合宝石、再造宝石、改善宝石和人工宝石检验七章组成。全书章节安排及内容详细提要由田培学制定,田政、吴莉娟、赵庆华、庞丹丹、李金榴、李晓丽、田培学依次对第一章至第七章的内容进行编写,最后由田培学、石同栓对全书予以审定。

在本书编写过程中,郑州信息科技职业学院环境工程系珠宝教研室全体同仁,河南省产品质量监督检验院珠宝检验部王笑娟、张立新,河南金鑫珠宝公司质检部刘强、黄涛、张凌同志等,都参与了资料搜集整理、文本校对等大量工作。书中还引用了大量前人论文和专著中的研究成果。在此向相关各位专家、教授一并表示衷心地感谢。

由于作者水平有限,书中误漏难免,敬请同仁示教,以求完臻。

编　者
2009 年春

目　　录

第一章　概　论 …………………………………………………………… (1)

　第一节　基本术语 ……………………………………………………… (3)

　　一、人工宝石的定义 …………………………………………………… (3)

　　二、人工宝石的分类 …………………………………………………… (3)

　　三、人工宝石的定名 …………………………………………………… (4)

　　四、人工宝石的价值评价 ……………………………………………… (6)

　第二节　人工宝石的生产工艺 ………………………………………… (7)

　　一、制造工艺 …………………………………………………………… (7)

　　二、改造工艺 …………………………………………………………… (8)

　第三节　人工宝石的发展历程 ………………………………………… (9)

　　一、人工宝石的历史 …………………………………………………… (9)

　　二、人工宝石的现状 …………………………………………………… (10)

　　三、展望 ………………………………………………………………… (11)

第二章　合成宝石 ………………………………………………………… (13)

　第一节　合成方法 ……………………………………………………… (13)

　　一、宝石合成历史 ……………………………………………………… (13)

　　二、宝石合成原则 ……………………………………………………… (14)

　　三、宝石合成工艺 ……………………………………………………… (18)

　第二节　合成宝石特征 ………………………………………………… (36)

　　一、合成金刚石(钻石) ………………………………………………… (36)

　　二、合成碳化硅(合成碳硅石) ………………………………………… (38)

　　三、合成祖母绿 ………………………………………………………… (39)

　　四、合成刚玉类宝石 …………………………………………………… (42)

　　五、合成金红石 ………………………………………………………… (49)

  六、合成尖晶石 …………………………………………………… (49)

  七、合成水晶 ……………………………………………………… (50)

  八、合成变石 ……………………………………………………… (52)

  九、合成金绿宝石 ………………………………………………… (52)

  十、合成海蓝宝石 ………………………………………………… (52)

  十一、合成欧泊 …………………………………………………… (53)

  十二、合成绿松石 ………………………………………………… (55)

  十三、合成孔雀石 ………………………………………………… (55)

  十四、合成青金石 ………………………………………………… (56)

  十五、合成翡翠 …………………………………………………… (57)

  十六、合成立方氧化锆 …………………………………………… (58)

第三章　人造宝石 …………………………………………………… (61)

第一节　人造宝石制造法 ……………………………………………… (61)

  一、焰熔法 ………………………………………………………… (61)

  二、助熔剂法 ……………………………………………………… (61)

  三、晶体提拉法 …………………………………………………… (62)

  四、熔体导模法 …………………………………………………… (62)

  五、冷坩埚熔壳法 ………………………………………………… (62)

  六、区域熔炼法 …………………………………………………… (62)

第二节　人造宝石特征 ………………………………………………… (62)

  一、人造钛酸锶 …………………………………………………… (62)

  二、人造钇铝榴石 ………………………………………………… (63)

  三、人造钆镓榴石 ………………………………………………… (65)

  四、玻璃 …………………………………………………………… (65)

  五、塑料 …………………………………………………………… (69)

  六、仿宝陶瓷 ……………………………………………………… (71)

  七、人造夜明珠 …………………………………………………… (72)

第四章　拼合宝石 …………………………………………………… (74)

第一节　生产工艺 ……………………………………………………… (74)

  一、工艺类型 ·· (74)
  二、制作工艺 ·· (76)
 第二节 拼合宝石特征 ·· (78)
  一、层状构造 ·· (78)
  二、材料不同及其鉴定特征 ···································· (79)
  三、黏接层特征 ·· (81)

第五章 再造宝石 ·· (82)
 第一节 再造工艺 ·· (82)
  一、熔接工艺 ·· (82)
  二、压结工艺 ·· (82)
  三、模压工艺 ·· (82)
 第二节 再造宝石特征 ·· (83)
  一、再造琥珀 ·· (83)
  二、再造绿松石 ·· (85)
  三、再造软玉 ·· (87)
  四、再造翡翠 ·· (87)
  五、其他再造宝石 ·· (88)

第六章 改善宝石 ·· (89)
 第一节 宝石改善原则 ·· (89)
  一、改善原则 ·· (89)
  二、改善规则 ·· (91)
 第二节 改善工艺分类 ··· (102)
  一、能量活化 ··· (103)
  二、化学反应 ··· (114)
  三、物理修饰 ··· (124)
 第三节 改善宝石特征 ··· (127)
  一、改善钻石特征 ··· (127)
  二、改善绿柱石类宝石 ··· (132)
  三、改善刚玉类宝石 ··· (133)

四、改善翡翠 …………………………………………………… (136)

　　五、改善玛瑙 …………………………………………………… (139)

　　六、改善欧泊 …………………………………………………… (141)

　　七、改善绿松石 ………………………………………………… (143)

　　八、改善琥珀 …………………………………………………… (145)

　　九、改善珍珠 …………………………………………………… (148)

　　十、其他改善宝石 ……………………………………………… (151)

第七章　人工宝石检验 ……………………………………………… (152)

　第一节　总体观测 ………………………………………………… (152)

　　一、颜色 ………………………………………………………… (152)

　　二、光泽 ………………………………………………………… (153)

　　三、密度 ………………………………………………………… (154)

　　四、特殊光学效应 ……………………………………………… (155)

　　五、外部特征 …………………………………………………… (156)

　　六、内部特征 …………………………………………………… (157)

　第二节　理化检验 ………………………………………………… (161)

　　一、光学鉴定 …………………………………………………… (161)

　　二、物性测定 …………………………………………………… (172)

　　三、成分分析 …………………………………………………… (172)

　　四、图谱分析 …………………………………………………… (173)

　　五、结构分析 …………………………………………………… (174)

主要参考文献 ………………………………………………………… (178)

第一章 概 论

稀珍美丽的珠宝玉石以其无与伦比的特殊魅力牵动着古今中外人们的心灵，它是吉祥、权力、财富、身份的象征；它被视奉为天、地、神、人之间信息交流的纽带，记录历史，传承文明。因此，珠宝首饰很自然地成为永恒时尚的装饰品、收藏品和鉴赏品。

几千年来，随着全世界对珠宝玉石的需求量逐渐增多，同时本就异常稀缺的优质天然宝石的储产量日趋减少，有的甚至已近枯竭，市场上的珠宝玉石供不应求，价格高涨。除非在海洋底部或宇宙星际上发现和找到新的宝石开发基地，才能使这种供求紧张关系得到缓解。

为逐步缓解人们对宝石的巨大需求，一代又一代的科学家们研究天然宝石的形成条件，运用先进的科学技术和生产工艺，或对具有这样或那样缺陷的天然宝石（或矿物岩石）进行改造，通过改善宝石的颜色、提高宝石的净度、增强宝石物理和化学性质的稳定性，以提高宝石的美学价值和商品价值；或根据天然宝石的形成机理，制造出与天然宝石性质相同的固体材料；或根据社会发展需要，制造出新的具有特种功能的晶体材料等。通过以上种种手段弥补天然宝石资源不足的缺陷，满足人们的需求。

当前，在珠宝市场上流通的珠宝饰品，按其成因可分为天然珠宝玉石（包括天然宝石、天然玉石和天然有机宝石，简称天然宝石）和人工珠宝玉石（包括合成宝石、人造宝石、拼合宝石、再造宝石和改善宝石，简称人工宝石）两大类，各占市场半壁江山。

当今，人工宝石已是一个品种繁多、工艺复杂的庞大研发体系，它已成为宝石学的重要组成部分和一门独立的学科——人工宝石学。

人工宝石学是研究各类人工宝石生产工艺和产品特性的应用科学。研制人工宝石，需要采用现代最先进的分析技术和生产设备，掌握现代物理学、化学和地质学等基础理论和最新研究成果，同时加强对天然宝（玉）石的晶体结构、晶体化学和致色机理等方面的理论研究，为人工宝石研发提供理论和技术支撑，以期获得与天然宝石基本相同或相似的各项性质。

作为供人佩戴的首饰和陈设的摆件，根据其材料特征不同分为矿物类宝石、岩石类玉石和生物类有机宝石三大系列。

矿物类宝石，是指具有美观性、耐久性、稀少性、安全性，可加工成装饰品的天然矿物。它是由地质作用形成的具有一定的化学成分和内部结构,在一定的物理化学条件下相对稳定的固体物质,矿物类宝石依据化学成分可分为金属与非金属两类,即贵金属类宝石和非金属类宝石。人们通常所说的宝石,绝大部分为非金属类宝石。

岩石类玉石,是指由地质作用形成的美观、耐久、稀少、安全和具有工艺价值的石材(矿物集合体或非晶质体)。

天然玉石按岩石学分类法可分为岩浆岩型玉石、变质岩型玉石和沉积岩型玉石,而人工玉石则可分为合成玉石和再造玉石两种。

有机宝石,是指由自然界生物生成全部或部分由有机质构成的、可作装饰品的固体材料。按其成因可分为天然有机宝石和人工有机宝石两类。

至此,本书将上述饰品材料归纳分类,如表 1-1 所示。

表 1-1 珠宝首饰材料分类

类	组	种	亚种
宝石	天然珠宝玉石	天然宝石	贵金属宝石
			非金属宝石
		天然玉石	岩浆型玉石
			变质型玉石
			沉积型玉石
		天然有机宝石	动物型有机宝石
			植物型有机宝石
			石化型有机宝石
	人工珠宝玉石	合成宝石	矿物类合成宝石
			岩石类合成宝石
			合成有机宝石
		人造宝石	人造晶质宝石
			人造非晶质宝石
		拼合宝石	二层拼合石
			三层拼合石
			底衬拼合石
		再造宝石	再造晶质宝石
			再造玉石
			再造有机宝石
		改善宝石	改善晶质宝石
			改善玉石
			改善有机宝石
		仿宝石	天然珠宝玉石仿天然珠宝玉石
			人工珠宝玉石仿天然珠宝玉石

第一节 基本术语

人工宝石是相对天然宝石而言的，二者具有相同或相似的装饰性，因此，二者并存于市，历史久远。随着科技进步和社会需要，新工艺、新材料不断问世，人工宝石业得以迅速发展，现已成为宝石学中最具活力的重要研发领域。

人工宝石学作为一门新兴的学科，不同学者，不同国家，对其认知和认定尚存在一些不同观点。因此，对于人工宝石基本术语的认同，显得尤为重要。

一、人工宝石的定义

何谓人工宝石？

国际珠宝首饰联合会（CIBJO）认为，它是宝石材料中的人造品，指部分或全部由人制造的产品。包括合成宝石、组合（拼合）石、仿制品和再造品。

我国质监总局发布的《珠宝玉石名称》中，则将其认定为"完全或部分由人工生产或制造，用作首饰及装饰品的材料统称为人工宝石"。包括合成宝石、人造宝石、拼合宝石和再造宝石。

上述两种定义彼此观念有所不同，一是分别使用了"人造"与"人工"、"制造"与"生产"；二是分类产品名称有所差异。

在现今珠宝市场上流通的珠宝玉石饰品，就饰品的材料而言，除天然珠宝玉石外不仅有上述的合成宝石、人造宝石、拼合宝石和再造宝石，还有数量众多的改善宝石（优化处理宝石）和仿宝石（赝品）。这些宝石虽然彼此生产工艺不尽相同，但它们都是在工厂或实验室里人工制作的，而且又都与天然珠宝玉石有所不同。为此，本书将它们都划归为一类，称人工珠宝玉石，简称人工宝石。所谓人工宝石，是指完全或部分由人工制造或改造用作首饰及其他装饰的珠宝玉石的通称。包括合成宝石、人造宝石、拼合宝石、再造宝石和改善宝石，仿宝石亦归于人工宝石。

二、人工宝石的分类

人工宝石是种属庞杂的装饰材料，它是在人工控制的条件下物质发生相变或变象（变型）的结果。相变是指物质相态的转变，变象是指物体组分或结构变化而诱发外观形象的变化。根据生产工艺、原料来源的不同以及它与天然宝石的关系，可分为制造和改造两种类型。

（一）制造类型

所谓制造属相变型工艺。它是根据设计要求，将有关原料经过熔融键合、冷凝结晶及艺术造型，形成固体材料的装饰品，这种装饰品被称作人工制造类型宝石，包括在自然界有已知对应物的合成宝石和自然界尚无对应物的人造宝石。人工制造的合成宝石与人造宝石,是一种物相转变方式的结果,即由相关物质的气相、液相或固相在一定条件下转变为一新固相的晶体或非晶体。

(二)改造类型

在人工宝石制作过程中,按照"择优藏劣、尽显石美"原则,将原有的宝石材料经过重新组合、熔接压结、优化处理等工艺,制成具有整体外观的装饰材料。属人工改造类型的人工宝石有拼合宝石、再造宝石和改善宝石。这些人工宝石是人工变象的产物,其物相不变。

以假乱真的仿宝石,亦属改造类型中的伪造品,是奸商牟利的欺诈行为,应独立划分。

三、人工宝石的定名

(一)合成宝石

1. 合成宝石的定义

合成宝石是指完全或部分由人工制造且自然界有已知对应物的晶质或非晶质体,其物理性质、化学成分和晶体结构与所对应的天然珠宝玉石基本相同。

2. 合成宝石的定名规则

(1)必须在其所对应的天然珠宝玉石名称前加"合成"二字,如"合成红宝石"。

(2)禁止使用生产厂或制造商的名称直接定名,如:"查塔姆祖母绿"。

(3)禁止使用易混淆或含糊不清的名词定名,如:"鲁宾石"、"合成品"等。

(二)人造宝石

1. 人造宝石定义

由人工制造且自然界无已知对应物的晶质或非晶质体,称人造宝石。

2. 人造宝石定名规则

(1)必须在材料名称前加"人造"二字,如:"人造钇铝榴石","玻璃"、"塑料"除外。

(2)禁止使用生产厂、制造商名称参与定名。

(3)禁止使用生产国名或地名参与定名,如:"奥地利钻石"等。

(4)不允许用生产方法参与定名。

(三)拼合宝石

1. 拼合宝石的定义

由两块或两块以上材料经人工拼合而成,且给人以整体印象的珠宝玉石,称拼合宝石,简称"拼合石"。

2. 拼合宝石的定名规则

(1)逐层写出组成材料名称,在组成材料名称之后加"拼合石"三字,如:"蓝宝石、合成蓝宝石拼合石"。

(2)由同种材料组成的拼合石,在组成材料名称之后加"拼合石"三字,如:"锆石拼合石"。

(3)对于分别用天然珍珠、珍珠、欧泊或合成欧泊为主要材料组成的拼合石,分别用拼合天然珍珠、拼合珍珠、拼合欧泊或拼合合成欧泊的名称即可,不必逐层写出材料名称。

(四)再造宝石

1. 再造宝石的定义

通过人工手段,将珠宝玉石的碎块或碎屑熔接或压结成具有整体外观的珠宝玉石,称再造宝石。

2. 定名规则

在所组成的珠宝玉石名称前加"再造"二字,如"再造琥珀"、"再造绿松石"。

(五)改善宝石

1. 改善宝石的定义

除切磨和抛光外,经过人工优化或处理的珠宝玉石,称为改善宝石。宝石的改善方法分为优化和处理两类。优化是指传统的、被人们广泛接受的使珠宝玉石潜在的美显示出来的改善方法。处理是指非传统的、尚不被人们接受的改善方法。

2. 改善宝石的定名规则

(1)优化的珠宝玉石定名:直接使用珠宝玉石名称,在其鉴定证书中可不附注说明。

(2)处理的珠宝玉石定名。

①在其所对应珠宝玉石名称后加括号并注明"处理"二字,如:"蓝宝石(处理)"。

②在其鉴定证书中必须描述具体处理方法,如:"扩散蓝宝石"、"漂白、充填翡翠"。

③在目前一般鉴定条件下,如不能确定是否经过处理时,在珠宝玉石名称中可不予表示,但必须加以附注说明,且采用下列描述方式,如:"未能确定是否经过＊＊＊处理"或"可能经过＊＊＊处理",如:"托帕石,备注:未能确定是否经过辐照处理"或"托帕石,备注:可能经过辐照处理"。

④不应以外文字母代替改善宝石的处理工艺,如:"B货翡翠"、"C货翡翠"等。

⑤经处理的人工宝石,可直接使用人工宝石基本名称定名。

(六)仿宝石

仿宝石,在珠宝市场中是屡见不鲜的。在国标 GB/T16552 中,仿宝石既不属天然宝石类,亦不属于人工宝石之列。虽然这类饰品具有赝品性质,是由于人们为了误导消费者而以假充真、以次充好、"张冠李戴"的不规则行为所致,但就系统珠宝饰品而言,仿宝石可属"名不符实"的人工宝石范畴。

1. 仿宝石的定义

用于模仿天然珠宝玉石的颜色、外观和特殊光学效应的人工宝石以及用于模仿另外一种天然珠宝玉石的天然珠宝玉石,可称为仿宝石。

2. 仿宝石的定名规则

(1)"仿宝石"一词不能单独作为珠宝玉石名称命名。

(2)在所模仿天然珠宝玉石名称前冠以"仿"字,如:"仿祖母绿"。

(3)应尽量确定给出具体珠宝玉石的名称,且采用下列方式表示,如:"玻璃"或"仿水晶(玻璃)"。

(4)当确定具体仿珠宝玉石名称时,应遵守合成宝石、人造宝石、拼合宝石、再造宝石、改善宝石的定名规则。

3. 仿宝石的使用含义

(1)仿宝石不代表珠宝玉石的具体类别。

(2)当使用"仿某种珠宝玉石"(例如:"仿钻石")这种表示方式作为珠宝玉石名称时,意味着该珠宝玉石:

①不是所仿的珠宝玉石(如上例:不是"钻石")。

②具体模仿材料有多种可能性(如"仿钻石":可能是玻璃、合成立方氧化锆、碳化硅或水晶等)。

四、人工宝石的价值评价

人工宝石能否当作宝石,必须根据宝石定义中的指标来衡量,即颜色漂亮、透明度好、摩氏硬度高、颗粒度粗细适合、纯净度高或微量瑕疵等。

人工宝石,就其美丽和装饰性而言,可以与天然宝石相媲美,有时甚至可超过天然宝石,但不具有天然宝石的"稀少性"。物以稀为贵,故人工宝石比同类、同品级的天然宝石价格低廉。

因此,人工宝石评价的评估要素,是品质的优劣、体积或重量的大小、款式或造型的好坏、加工工艺及技术水平的高低,以及生产成本。

人工宝石的价值,除由上述评估要素决定外,还受到时代风尚、民族传统、人们的喜爱程度,以及国际上政治、经济、金融形势、经销商的自身素质及心理因素等许多方面的影响。

不同人工宝石品种的价格亦不相同,有的悬殊很大。在很大程度上取决于它生产过程的技术难度和生产能力。

第二节　人工宝石的生产工艺

人工宝石生产工艺分为两大类,一类是熔融结晶的制造工艺,一类是择优藏劣的改造工艺。

一、制造工艺

人工宝石的制造工艺方法众多,目前常用的方法有以下几种。

(一)焰熔法

焰熔法是法国的维尔纳叶(Verneuil)于1890年改进以往技术获得成功的,故又称"维尔纳叶法"。它是将原料粉末在氢氧火焰中熔融结晶生长成宝石晶体的方法,是合成宝石和人造宝石的主要方法之一。

(二)水热法

热水法是一种将矿料放在高压釜内的过饱和溶液中生长出晶体材料的方法,类似于自然界热液矿床成因的矿物结晶过程。常用此法合成的宝石有合成水晶、合成祖母绿等。

(三)助熔剂法

助熔剂法生长晶体材料在一定程度上模拟了自然界的岩浆分异结晶成矿过程。是一种在常压高温下,借助助熔剂的作用,在较低温度下加速原料的熔融,并从熔融体中生长出宝石晶体的方法。许多天然宝石可用此法合成,另外市场上出现的一些人造宝石,也可用此法生产。

(四)晶体提拉法

晶体提拉法是由J·丘克拉斯基(J. Czochralski)首先发明的,故又称"丘克拉斯基法"。这是一种直接熔化宝石原料,然后利用种晶与晶体提拉机构从熔体中提拉出宝石晶体的方法。此法适用于合成红(蓝)宝石、变石以及人造钇铝榴石(YAG)、人造钆镓榴石(GGG)等。

(五)区域熔炼法

区域熔炼法法又称浮区法,是将原料逐区熔融并结晶出宝石晶体的方法,可以生产多种合成宝石和人造宝石。

(六)熔体导模法

导模法是提拉法的发展,由斯切帕诺夫(Ctiepanof. A. F.)提出,故该法又称"斯切帕诺夫法"。它是利用模具和种晶从熔体中提拉出宝石晶体的方法,其特点是可以生产出形态各异的丝、管、杆、片、板以及特殊形状的晶体。

(七)冷坩埚熔壳法

冷坩埚熔壳法又叫熔壳法,其原理与熔体法接近,但具体方法及工艺过程较为复杂。目前主要用来生产合成立方氧化锆(CZ)晶体。

(八)高温超高压法

自然界许多矿物晶体是在地壳深处的高温超高压下形成的,如金刚石、桐柏矿(Cr_3C_2)等,高温超高压法就是模拟这种成矿环境条件在人工控制下合成宝石(如钻石、翡翠)。

(九)化学沉淀法

化学沉淀法是一种经化学反应和结晶沉淀,进而加热加压合成多晶体的方法,如合成欧泊、合成绿松石、金刚石薄膜、碳硅石等。

二、改造工艺

(一)拼合法

该法用于拼合宝石生产,是将两块或两块以上珠宝玉石材料,用胶结剂黏接或熔接在一起,给人以整体印象。其历史悠久,至今仍然流行。

(二)再造法

早在1885年,弗雷米等人在红宝石碎屑中加入重铬酸钾,用氢氧火焰熔融成一体,形成的所谓"日内瓦红宝石",其实就是一种再造红宝石。现今人们已能通过人工手段将珠宝玉石的碎块或碎屑熔接或压结成具整体外观的宝石材料,这是一种扩充宝石资源的再生法。

(三)改善法

宝石改善品的生产历史悠久,处理手段和类型也名目繁多,至今还没有可被各国所接受的统一分类标准。凡能改变已知珠宝玉石的颜色、结构、性质及其他外观特征的手段都属人工的改善方法。

关于改善方法,《天然宝石人工改善及检测的原理与方法》(吕新彪、李珍,1993)一书中将其划分为改色与改性两类。改色方法包括热处理、辐照处理、化学处理(包括染色、着色、漂白、净化)和表面涂层;改性技术有注入法、热处理、化学处理(净化质地、提高透明度)和表面涂层(改善宝石表面质量、提高光洁度)。

根据我国GB/T16552标准规定,改善方法分为优化和处理两种类型。属于优化的改善方法有热处理、漂白、浸蜡、浸无色油、染色(玉髓、玛瑙类)。属于处理的改善方法有浸有色油、充填(玻璃充填、塑料充填或其他聚合物等硬质材料充填)、浸蜡(绿松石)、染色处理、辐照、激光钻孔、覆膜、扩散、高温高压处理等。

需要提及的是,有关人工宝石的生产工艺,所有公开发表的资料中,只是介绍了人工宝石的基本特征、常用的生产工艺流程及技术设备,具体的生产技术和工艺均未作详细说明,因为具体的试验条件和工艺参数具有保密性,有些属于技术专利。

第三节 人工宝石的发展历程

爱美是人类本性,物美价廉是购物原则。最适宜的佩饰美物,莫过于人工宝石。因为人工宝石既属于物华天宝,又价格低廉。人工宝石开发应用的历史同人类社会一样久远流长,经历了一个从简单到复杂,由低级到高级的发展历程,而且将随人类社会的发展而更趋完美。

一、人工宝石的历史

开启历史画卷,人类社会历史就像是一部珠宝发展史。据现代考古发掘和历史遗存,早在石器时代,先人们就开始用捡来的彩石或骨料皮草当佩饰。爱美求美,促进了社会文明。

随着社会发展,科技进步,人类改造自然能力的提高,人们从简单的原石串坠开始,利用选冶技术和琢磨工艺,逐步制作出各种不同色泽的彩陶瓷珠或金属合金,与天然珠宝玉石贵金属相伴,用来扮靓体表,美化生活。

人工宝石,早在5 000多年前就已出现。20世纪考古工作者在我国甘肃省仰韶文化时期的古墓中,发掘出土了经过净化处理的玉环和玉片,这是迄今所知的世界上最古老的人工改善宝石。此后,埃及人也开始用上釉陶瓷来仿绿松石或其他不透明宝石。

随着人工改善宝石和仿宝石的工艺发展,人们开始采用更为先进的生产工艺,制造出人造宝石(如各种玻璃),并深化改善工艺琢制不同纹饰。如在陕西省西底周朝古墓中就出土了15件染色玉器;南北朝时代又出现染色象牙,如《邺中记》中所记:"石季龙造象牙桃枝扇或绿沉色或紫绀色或郁金色";唐宋时期,社会安定,经济繁荣,有力地促进了人工宝石业的发展,在《陈性玉论》中曾如是论述"将新玉琢成器皿,……有受石灰浸者,其色红如碧桃,名曰孩儿面;有受血浸者,其色赤,有浓淡之别,名曰枣皮红;此外有朱砂红、鸡血红者诸名,其色受浸之深难以深考,总名之曰十三彩";明清两代改善珠宝玉石更加普遍,其技艺达到了历史新高。

与中国同属文明古国的埃及、印度,亦有人工宝石出现。如公元前1 300年在古埃及国王墓中出土的肉红色玉髓,公元前2 000年前印度出土的红玛瑙和光玉髓,都是经过热处理的。

在人工宝石数千年的发展过程中,相关的文字记录亦日积月累,逐年增多。如公元初年,C·普林尼(公元23年至79年)在查阅2 000多册有关人工宝石书籍的基础上编写了37本有关人工宝石生产工艺的书。其中有贴箔、油浸法、染色和拼合石等,书中的某些技术方法至今仍在沿用。在中世纪,人们对钻石非常崇拜,手工业者就千方百计地研究用其他宝石或材料来仿钻石。采用的方法有加热、底面衬箔、注油、拼合等。1832年,瑞典皇家学院收到装有14页羊皮纸写有古希腊文的一个金属盒子,里面记载了公元400年一位埃及化学家的实验记录,其中包括74个处理玉石的配方,其目的主要是为了用改色的宝石冒充其他宝石。

二、人工宝石的现状

如果说,人类在19世纪之前制作的人工宝石主要是初级的改善宝石(主要是改色)、人造宝石(玻璃)、拼合宝石和仿宝石。那么,在19世纪后,特别是近百年以来,由于科学技术高速发展和大型仪器设备不断出现,各种人工宝石改善技术都得到了飞跃性的发展,人工宝石成为珠宝市场的重要品种。先进的科学技术不仅极大地提高了天然珠宝玉石的人工改善技术,而且几乎可以人工生产所有天然珠宝玉石。因此,到了20世纪末,人工宝石的研制已成为一门专业技术与理论研究相结合的独立学科——人工宝石学。

20世纪,人类科学技术的飞速发展,促成了人工宝石生产工艺的现代化。

回顾过去,20世纪头10年里,出现了人工宝石的焰熔法新技术。1890年,法国科学家A·维尔纳叶最终成功用焰熔法合成了红宝石;1908年,G·斯佩奇亚(Spezia)用水热法合成了水晶;L·帕里斯(Paris)用焰熔法合成了蓝色的尖晶石;维尔纳叶于1910年用焰熔法合成了蓝宝石。

20世纪20年代,法国的里查德·纳肯(1928年)研制成功助熔剂法,并用该法合成了重1ct的祖母绿。在30年代,又出现了Soude拼合祖母绿(三层)和用丙烯酸树脂制作出的仿紫晶、仿祖母绿、仿红宝石等。其后的40年代,劳本盖耶(Laubengayer)和韦茨(Weitz)于1943年用水热法第一次合成了红宝石;美国林德公司用焰熔法制造出合成星光红(蓝)宝石,美国国际莱德公司(National Lead)于1948年用焰熔法生产出合成金红石。

在20世纪50年代,国际上出现了高温超高压法(1953年)、化学气相沉淀法(1955年)和熔体导模法(1959年),并先后生产出合成金刚石(工业级)、合成碳化硅、合成无色蓝宝石等。在1958年,J. W. Nielsen用助熔剂法制造出人造宝石——YAG、GGG、YIG。

到了20世纪60年代,国际上研制出爆炸法(1962年)、静压法(1963年)、晶体提拉法(1964年)、浮区法(1968年)和熔壳法(1969年)等人工宝石生产新工艺。

在70年代初期,美国通用电气公司用高温超高压法试制出宝石级合成钻石,法国的杰尔森用化学沉淀法合成了欧泊和绿松石。苏联的 V·I·奥西科于1972年用熔壳法生产出合成较大晶体的立方氧化锆,号称"俄钻"。

80年代,人工宝石得到了高速发展。如1980年南非戴比尔斯实验室用高温超高压法合成了三颗重达5ct以上的宝石级钻石。美国Cree公司于1995年用气相沉淀法研制出宝石级合成碳硅石。

我国是开发利用人工宝石最早的国家,但近百余年来,中国人民在空前的社会大变革中,曾遭受了封建统治、帝国主义侵略和官僚资本主义压迫与剥削,致使民贫国弱,百业颓废,人工宝石的研制止步不前。新中国成立后,又经历抗美援朝战争、帝国主义的经济封锁和不可抗拒的自然灾害,致使我国到20世纪60年代前后才开始有计划地开展人工宝石的研制开发工作。1958年,我国从苏联引进了焰熔法合成红宝石生产技术,在焦作设厂,从有计划生产主要用于轴承和激光材料开始;1963年,中国科学院物理研究所用静压法合成了工业级金刚石;1967年,生产出合成水晶;1970年,用晶体提拉法制造出YAG和GGG人造宝石;上海硅酸盐研究所于1978年用高温超高压法合成了金刚石单晶。80年代以后,全国各地开始大规模发展人工宝石产业,如王崇鲁1981年用晶体提拉法研制出无色蓝宝石,1987年用熔体导模法合成红宝石猫眼;广西宝石研究所用水热法合成了祖母绿,1993年又用水热法合成了红宝石,2001年该研究所用水热法生产出接近天然祖母绿宝石的合成祖母绿。这一时期,我国还生产出合成立方氧化锆(熔壳法)、彩色合成刚玉与合成尖晶石(焰熔法)、玻璃瓷珠仿猫眼(微晶玻璃法)、黑色多晶合成金刚石(气相沉淀法)以及中国西南技术物理研究所用晶体提拉法制造出绿色钇铝榴石仿祖母绿等。另外,值得一提的是在1999年,北京华隆亚阳公司采用低压高温法成功生产出了人造夜光宝石。

在过去50年的时间里,我国人工宝石产业得到了飞速发展,据不完全统计,我国人工宝石的产量已名列世界前茅,许多人工宝石品种如合成立方氧化锆、合成水晶、合成红宝石和蓝宝石、合成金刚石、合成仿夜光石、玻璃质仿日光石与仿猫眼、稀土玻璃等的产量都居世界第一。

目前以广西梧州为龙头,我国已成为世界上规模最大的人工宝石生产基地,人工宝石实验和检验技术亦处在赶超世界的新水平。

三、展望

人类在追美求美的历史进程中,愈来愈认识到人工宝石的美丽。喜爱就是价值,人工宝石实用价值逐渐被社会认可。供需旺盛,市场潜力巨大,人工宝石的门类也与日俱增,目前已形成了合成宝石、人造宝石、拼合宝石、再造宝石、改善宝石五大体系。自然界已知的天然珠宝玉石,现在都可以在实验室和工厂制造出来。

物美价廉的人工宝石目前在珠宝市场中已占50%以上的流通量。

随着人们审美意识的提高和检验技术的进步,传统的拼合宝石和仿宝石的市场潜力逐渐淡化。尽管它们弥补了天然宝石的不足,为美化人类生活做出了贡献,但相比之下,合成宝石、再造宝石和改善宝石,由于与天然宝石最具可比性和相似性,市场潜力更大。加上由于高新科技领域和军事工业的需求,人造宝石材料将更加丰富多彩。

在现代科学技术的推动下,国家各质检机构对人工宝石与天然宝石的鉴别能力逐日提高,现阶段的各类人工宝石几乎都能被检验出来,因此,加强人工宝石的科学理论研究和研制先进的生产技术,是人工宝石学今后的主要发展方向。

鉴于天然珠宝玉石产出的地质环境十分复杂多变,在漫长的形成过程中由于各种影响因素的变化不定,使其化学成分、晶体结构具有较大变化空间,这就给人工宝石的合成和改善带来了不确定性和难度。因此要想获得与天然宝石完全相似的人工宝石,就必须应用最先进的分析测试技术和现代化实验设备,对各种天然珠宝玉石的晶体结构、致色机理和生成环境进行实验研究,即利用现代化微电子技术、激光、信息和记忆系统的理论研究,同时采用最新科学技术和工业设备,借鉴前人成功经验,对各种天然宝石的边角碎料反复实验,不断总结经验,探索出高质量人工宝石的制造工艺和天然宝石的改造工艺。

但应提及,在努力提高人工宝石生产工艺,使其达到最佳装饰效果的同时,在世界范围内,还应对人工宝石制定市场规则和标准,确保人工宝石与天然宝石的不等价性,使其有序健康发展。

第二章 合成宝石

第一节 合成方法

一、宝石合成历史

众所周知,现在珠宝市场上流通的人工宝石品种中,人工合成的宝石与所对应的天然宝石最为相似,因为两者化学成分、内部结构及其物理性质都基本相同。

作为宝石,合成宝石的惟一要求是达到相应天然宝石中品级最高、质量最好、颜色最漂亮的程度,而且合成宝石的价格还应比同等质量的天然宝石便宜许多。合成宝石的价值就在于:天然宝石,特别是优质天然宝石的矿产资源极为稀少,很难满足市场需要,合成宝石则可弥补天然宝石之不足,并在一定程度上可缓解市场供需矛盾。因此,大量生产人工合成宝石,既是市场的需求,是人们美化生活的需要,又是高科技领域和国防科研领域的需求。例如,由于天然水晶存在各种缺陷,很难做压电水晶的理想材料,而合成水晶的性能特别好,完全能达到压电水晶的要求。压电水晶主要用于无线电频率的稳定,所以现在每台彩电、收音机、移动电话(手机)中都要用合成压电水晶做元件。再如,合成红宝石早先用于机械手表中或仪器仪表中的轴承(焰熔法合成红宝石),现可用于激光器中的元件(提拉法合成红宝石)。激光的用途很大,除了用于民用工业外,在军事上,还可用激光聚焦产生的超高能量和超高温度模拟原子弹核爆炸的情形,以获取必要的数据。合成无色蓝宝石,用于手表工业被称为"永不磨损的表蒙子";泡生提拉法生长的高质量无色蓝宝石若用于节能照明工程(称 LED 元件),不但亮度大而且用电量仅为相同亮度灯泡的 1/20;大直径的光学级无色蓝宝石还可用于无人驾驶飞机、潜艇上用的窗口材料(红外线跟踪型)。现在我国已能生产用于洲际导弹窗口,直径达 200mm 以上的晶体。

有理由相信,随着科技的进步和军事工业的发展,社会对人工合成宝石会提出越来越多、越来越高的要求,这必将推动人工合成宝石的进一步发展。

人工合成宝石的历史,自 1819 年 E. D. Clarke 用氢氧吹管火焰将两粒红宝石融为一体开始,至今已有 200 多年,也经历了一个从简单到复杂,由低级到高级的发展过程。我国合成宝石的研制起步虽然较晚(始于 20 世纪 50 年代),但发展迅速,现已能生产各种合成宝石,满足市场需要。

为使读者能够了解人工合成宝石的发展历史,特编制了合成宝石发展简史表(表2-1),以供参考。

表2-1 合成宝石发展简史

年份	发明及改进者	方法	人工宝石品种
1902	A·维尔纳叶(法国)	焰熔法	合成红宝石
1908	G·斯佩齐亚(意大利)	水热法	合成水晶
1910	A·维尔纳叶(法国)	焰熔法	合成蓝色尖晶石
1928	理查德·纳肯(德国)	助熔剂法	合成祖母绿(1ct)
1934	H·埃斯皮克(德国)	助熔剂法	合成祖母绿
1940	C·查塔姆(美国)	助熔剂法	合成祖母绿
1947	美国林德公司	焰熔法	合成星光红、蓝宝石
1948	美国 National Lead 公司	焰熔法	合成金红石
1955	莱利公司(美国)	气相沉淀法	合成碳硅石
1958	劳迪斯和鲍尔曼	水热法	合成红宝石及绿、无色蓝宝石
1959	斯切帕诺夫(苏联)	熔体导模法	白色蓝宝石
1960	美国、前苏联	气相沉淀法	白色蓝宝石合成金刚石多晶薄膜
1960	斯切帕诺夫(苏联)	熔体导模法	合成红、蓝宝石和猫眼石等
1964	C·A·梅和J·C·沙阿	水热法	白色蓝宝石
1965	美国林德公司	水热法	合成祖母绿(商业化生产)
1966	D·L·伍德和A·A鲍尔曼	水热法	蓝水晶
1970	美国通用电气公司	高温超高压法	合成钻石(宝石级金刚石)
1971	H·E·拉贝尔(美国)	导模法	白色蓝宝石
1972	P·吉尔森(法国)	化学沉淀法	合成欧泊、合成绿松石
1987	王崇鲁(中国)	熔体导模法	合成红宝石猫眼
1990	A·S·列别德(苏联)	水热法	合成海蓝宝石
1990	南非戴比尔斯实验室	高温超高压	14.2ct 合成钻石
1993	中国广西宝石研究所	水热法	合成红宝石
1995	中国	气相沉淀法	黑色多晶合成金刚石
2001	中国广西宝石研究所	水热法	合成祖母绿(接近天然)

二、宝石合成原则

在人工宝石合成之前,必须知道天然宝石在自然界是如何形成的。

宝石是美丽的矿物。所谓矿物,是由地质作用或宇宙作用所形成的,具有一定的化学成分和内部结构,在一定的物理化学条件下相对稳定的天然结晶态的单质或化合物,它们是岩石(玉石)的基本组成单位。矿物(宝石)具有一定的化学成分和内部结构,并且具有一定的形态和物理、化学性质,借此我们可以鉴别矿物(宝石)种。然而,由于形成环境的复杂性,矿物(宝石)的成分、结构及形态、性质可以在一个范围之内变化。当其所处的外界条件改变甚至超出矿物(宝石)的稳定范围时,就会变成在新的条件下稳定的其他矿物(宝石)。

因此,人们在合成宝石之前,应详细研究相应的天然宝石(矿物)的成分、结构、形态、性质、成因、产状、用途和它们相互间的内在联系,以及天然宝石的时空分布规律及其形成和变化过程。

宝石的化学成分是形成宝石的物质基础,是决定宝石的各项性质的最本质的因素之一,它对宝石形成条件的微小变化反映非常灵敏,特别是致色元素。致色元素在宝石中的存在形式,取决于元素本身与原子或离子的化学行为,以及其所处的地质环境和物理化学条件。所以,在研制合成宝石之前,必须了解天然宝石的形成原因和形成过程。

(一)天然宝石的成因

宝石的成因,通常是按成矿的地质作用来分类的。根据作用的性质和能量来源,可将形成宝石的地质作用分为内生作用、外生作用和变质作用三种类型。

1. 内生作用

内生作用是指由地球内部热能所导致宝石形成的各种地质作用。包括岩浆作用、火山作用、伟晶作用和热液作用等多种复杂的成矿过程。

(1)岩浆作用:是指高温($700 \sim 1\ 300℃$)高压($5 \times 10^8 \sim 20 \times 10^8$ Pa)下富含挥发组分的岩浆熔融体,在地质应力作用下冷却结晶而形成宝石(矿物)的作用。如橄榄石、辉石、角闪石、长石、石英,以及单质的钻石,铂族自然元素等,都是在岩浆作用过程中形成的。

(2)火山作用:是地下深处岩浆沿地壳脆弱带上侵至地面或直接喷出地表,迅速冷凝的成岩成矿全过程。与火山作用有关的宝玉石有沸石、蛋白石、玛瑙、方解石、雄黄、雌黄以及深源包体中的橄榄石、红宝石、蓝宝石等。

(3)伟晶作用:是指在地下较深处($3 \sim 8 km$)的高温($400 \sim 700℃$)高压($1 \times 10^8 \sim 3 \times 10^8$ Pa)条件下所进行的成岩成矿作用。伟晶作用所形成的宝石晶体粗大,富含 Si、K、Na 和挥发分(F、Cl、B、OH 等),如石英、长石、丁香紫玉、黄玉、电气石、绿柱石、锂辉石、天河石等。

(4)热液作用:是指从气水溶液到热水溶液过程中形成宝石的作用,以其温度高低分为高温($500 \sim 300℃$)中温($300 \sim 200℃$)和低温($200 \sim 50℃$)三种类型。与热液作用有关的宝石有绿柱石、黄玉、电气石、石英、萤石、重晶石、方解石、辰砂,以及锡石、辉铋矿、自然金、辉银矿等等。合成方法中的水热法,就是仿热液成矿作用。

2. 外生作用

外生作用是指地表或近地表较低温度和压力下,由于太阳能、水、大气和生物等因素的参与而形成宝石的各种地质作用,包括风化作用和沉积作用。

(1)风化作用:在外力作用下原岩(原矿)遭受机械破碎及化学分解,抗风化强的宝石被解离成砂矿如钻石、红宝石、蓝宝石、蛋白石、锆石等,易风化矿物在地表形成表生宝玉石,如玉髓、蛋白石、孔雀石、蓝铜矿等。

(2)沉积作用:主要发生在河流、湖泊及海洋中,是指地表风化产物被搬运至适宜的环境中沉积下来形成新的矿物(宝石)或矿物组合的作用。如机械沉积物有自然金、自然铂、金刚石、锡石和锆石等;生物化学沉积物有方解石、磷灰石、煤精、琥珀、珊瑚等。

3. 变质作用

变质作用是指在地表以下较深部位,已形成的岩石由于地壳构造变动,岩浆活动及地热流变化的影响,其所处的地质及物理化学条件发生改变,致使岩石在基本保持固态的情况下发生成分、结构上的变化,而发生一系列变质矿物(宝石)形成岩石(玉石)的作用。

根据发生的原因和物理化学条件的不同,变质作用可分为接触变质作用和区域变质作用。

(1)接触变质作用:是指岩浆活动引起的发生于地下较浅深度的(2~3km)岩浆侵入体与围岩的接触带上的一种变质作用。根据变质因素和特征不同,又可分为热力变质作用和接触变质作用两种。

①热力变质作用:是指岩浆侵入围岩,由于侵入岩浆的热力及挥发分的影响,使围岩矿物发生重结晶,颗粒增大,或发生变质结晶,组分重新组合形成新的矿物和矿物组合的作用。如常见的宝石有红柱石、堇青石、硅灰石、透长石等。

②接触交代作用:是由于岩浆侵入与围岩接触时,岩浆结晶作用的晚期析出的挥发分及热液使接触带附近的围岩和侵入体发生明显的交代作用而形成的新的岩石(玉石)的作用。接触交代作用最易发生在中酸性侵入体与碳酸盐岩的接触带附近。由于双交代作用,其结果使得接触带附近的岩石均发生成分、结构、构造的变化,形成一系列宝石或玉石,最常见的有透辉石、钙铁辉石、钙铁榴石、钙铝榴石、符山石、硅灰石、方柱石,以及晚期出现的透闪石、阳起石、绿帘石、斜长石、黝帘石等。新的矿物组合可形成辉石类玉石、闪石类玉石、蛇纹石类玉石、碳酸盐类玉石等。

(2)区域变质作用:是指由于区域构造运动而引起大面积范围内发生的变质作用。原岩的矿物成分和结构构造发生改变,是温度(200~800℃)、压力(4×10^8~12×10^8 Pa)、应力和以 H_2O、CO_2 为主的化学活动性流体等主要物理化学因素变化的综合作用结果。

区域变质作用形成的变质矿物(宝石)及其组合,主要取决于原岩的成分和变质程度。如果原岩的主要成分为 SiO_2、CaO、MgO、FeO,变质后易形成透闪石、阳起石、透辉石和钙铁辉石等。若原岩主要由 SiO_2、Al_2O_3 组成的粘土矿岩,其变质产物中则出现石英或刚玉,以及 Al_2SiO_5 同质三相变体之一的矿物共生。低温高压环境有利于蓝晶石形成,而红柱石形成的温度和压力均相对较低。

应当提及的是,形成宝石的地质作用是各种因素的综合表现,上述内生作用、外生作用和变质作用并非彼此孤立,截然分开的。也就是说,宝石的形成、稳定和演化取决于其所处的地质环境及物理化学条件,即取决于地质作用及温度、压力、组分的浓度、介质的酸碱度(PH)、氧化还原电位(En)和组分的化学位(μi)、逸度(fi)、活度(ai)及时间等因素。宝石是特定的地质作用中各种物理化学因素综合作用的产物,不同的地质作用以及同一地质作用过程中的不同阶段,其物理化学条件常各不相同。应该注意的是,宝石的形成及其形成后的一些性质与自由能之间的关系。宝石的形成与富集,受体系中化学组分活动性的制约,宝石的稳定性取决于地质体系的开放与封闭的程度。在分析宝石的成因时,应全面考虑,做出合理的推断,以便为天然宝石的人工合成奠定理论基础。

(二)设计宝石合成的实验方案

根据相应天然宝石的形成环境和条件,在实验室模拟相似成矿过程中,试制晶体材料。例如,矿物学家已在 1797 年认识到了金刚石是在地下深处的高温高压的密封条件下由碳原子构成的具有立方晶体结构的单质晶体,人们便在实验室创造高温高压环境使碳元素结晶成金刚石晶体。1953 年瑞士 ASEA 实验室终于应用高温高压法合成了工业级金刚石。到了 1970 年,美国通用电气公司又合成了宝石级金刚石(钻石)。到 20 世纪末的 1995 年底,我国利用 CVD 方法合成的黑色金刚石多晶质薄膜产品进入了珠宝市场。

因此,宝石的合成必须基于天然宝石的形成机理,设计多种合成的方法。在实验室试制合成宝石的过程中,逐步从中选优确立合理流程的方案。

(三)工艺技术和经济效益评估

通过各种实验试制,建立行之有效的合成方法,并对选定的方法进行经济效益评估。也就是说,利用合理的合成方法试制出理想的合成宝石,还必须评价用这种方法合成的宝石的经济价值,是否有利可图。如果合成的宝石比对应的天然宝石价格还高,就不适于用来规模化生产,这种方法仅具有科学意义而无商业价值。

(四)选择晶体生长工艺,检验晶体合格率

目前,宝石学家已研制出许多种人工生长晶体的方法,虽能适应多种合成宝石的生产,但在实际生产过程中还应对选定的合成方法进行全面而详细的研究,精确研究确定各种晶体生长参数,保证晶体生长的大小、规格,清除晶体生长中出现的各种缺陷,以求达到优质天然宝石的精美程度且与天然宝石无明显差异。

三、宝石合成工艺

合成宝石（晶质体），是具有格子构造的晶质固体，其合成过程实际上是在人工控制的一定条件下使组成晶体的质点（原子、离子或分子），按照格子构造规律排列规矩的过程。尽管宝石的合成方法很多，但从物相的转变方式上来看，晶体生长过程可分为：气相→结晶固相，液相→结晶固相，非晶质固相→结晶固相，一种结晶相→另一种结晶固相等四种类型。其中的液相，可以是溶液或是熔体。导致上述前两种相变的热力学条件是过饱和（浓度大于溶解度），导致第三种相变是可以自发成核生长，第四种相变是因外界温度压力条件改变使原来的结晶固相不稳定而形成另一种晶体。基于此，目前，用于合成宝石的生产工艺主要有焰熔法、水热法、助熔剂法、熔体法、高温超高压法、化学沉淀法等。

（一）焰熔法

利用氢氧火焰产生的高温，将用于合成宝石的原料粉末在频振料筒内下落过程中加热熔化，熔融的熔体，落在支架上的晶杆顶端的籽晶上，随着散热作用缓慢下降而冷凝结晶成梨状晶体（图 2-1）。该法生长晶体过程是模拟岩浆成矿作用中的液相（熔体）转变成晶相方式实现的。

1. 工艺流程

焰熔法生长宝石晶体的过程，主要有原料的提纯、粉料的制备、晶体生长和退火处理四个步骤。

(1) 原料提纯

要求原料来源丰富，价格低廉，提纯方法简便有效。

(2) 粉料的制备

要求粉料纯度高，化学反应完全，体积容量小，晶体构型要有利于晶体生长。

(3) 晶体生长

晶体生长的过程可分接籽晶、扩大放肩、等径生长三个阶段。

在整个晶体生长过程中，要求供料系统给料均匀，保证粉料全部熔化成微小液珠；气体燃烧器温度达 2 900℃，并构成三层火焰的形状以及温度的有序变化；要求结晶炉给生长的晶

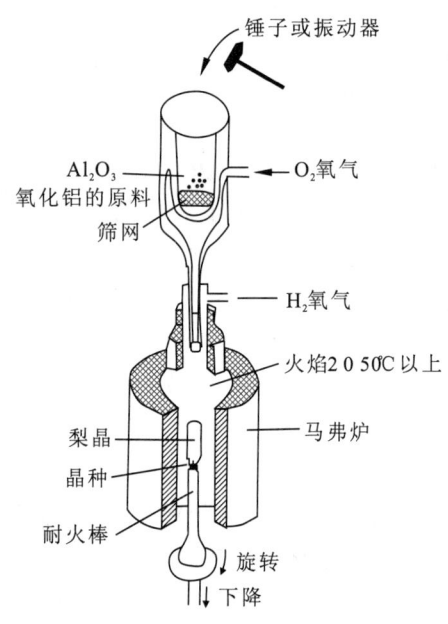

图 2-1 合成用火焰熔融炉

体创造良好保温条件,并便于气体流动和不积粉;要求下降机构保证起始位置能使晶体顶部温度高于晶体熔点而低于晶体沸点,并保证有 2～3mm 厚的熔融层。

(4)退火处理

把合成晶体装入高温炉后缓慢升温至预定温度,然后进行长时间的恒温与缓慢退火,以释放合成宝石晶体热应力,防止晶体因受热而开裂。

2.生产设备

(1)给料系统

要求粉料下落流畅、均匀,经过燃烧器时能熔化成微小液珠。

(2)氢氧燃烧器

要求气体结构良好,供气氢氧比例适当,火焰呈三层状,温度稳定在 2 900℃,应能尽量减少粉料缺失。

(3)结晶炉

要求炉体保温稳定,炉膛呈流线型,不积粉,不使气体产生涡流,温度梯度小。

(4)下降机构

应适应晶体生长温度,保证晶体的固液界面稳定,下降匀速平稳,与结晶速度相同。并保证籽晶顶部有 2～3mm 熔融层。

3.具体实例:焰熔法合成刚玉类宝石

(1)原料的选择

目前,国内外焰熔法合成刚玉类宝石都采用硫酸铝铵(又名铝铵矾)作为制备 γ - Al_2O_3 粉料的首选原料,其优点如下:

①铝铵矾原料丰富,价格低廉,提纯方法简单有效;

②铝铵矾焙烧产物松散流动性好;

③铝铵矾溶解度大,可采用简单的结晶法进行提纯,而且在重结晶过程中,它的排杂效果很好,只需 3～4 次重结晶,铝铵矾的纯度就能达到 99.9%～99.99%。

(2)原料的制备和提纯

①铝铵矾的制备。以硫酸铝:硫酸铵=2.5:1 的配比进行配料并混合均匀,然后按料水比为 1:1.5 配比,加热至沸腾,完全溶解后,缓慢冷却析晶即成铝铵矾。

②铝铵矾的提纯。将合成的铝铵矾在蒸馏水或去离子水中溶解,然后反复重结晶 3～5 次,即可得 99.9% 以上纯度的原料。

(3)彩色合成刚玉类宝石粉料的制备

彩色合成刚玉类宝石粉料的成分是 γ - Al_2O_3 和少量着色剂。着色剂多为过渡元素的氧化物或稀土元素的氧化物,其作用是使致色离子进入晶格,使晶体对可见光产生有选择的吸收,从而使晶体着色。

彩色合成刚玉类宝石粉料是通过在原料铝铵矾中添加着色剂,再经脱水焙烧而获得的。具体方法是,将着色剂配制成一定浓度的溶液并按要求加入铝铵矾中。铝铵矾受热溶解后,着色剂也就均匀分布在铝铵矾溶液中。再将混有着色剂的铝铵矾置于脱水炉中进行脱水及在焙烧炉中进行焙烧,这样,着色剂就均匀地分布在粉料中了。

在合成刚玉类宝石中,加入着色剂的种类和含量不同,使宝石产生的颜色也不同。

(4) 合成刚玉类宝石晶体生长

所有刚玉类的宝石晶体进行焰熔法生长时的工艺条件及操作步骤基本相似。

首先将籽晶安放在耐火粘土棒的顶端,以便控制晶体的结晶方位,优选方位是 $60°$。

开炉后,供料系统、燃烧器及下降机构开始工作。刚玉的熔点约 2 050 ℃,氢氧焰的工作温度为 2 900 ℃,其中生长无色合成蓝宝石的 $H_2 : O_2 = (2.0 \sim 2.5) : 1$;生长合成红宝石的 $H_2 : O_2 = (2.8 \sim 3.0) : 1$;生长合成蓝宝石的 $H_2 : O_2 = (3.6 \sim 4) : 1$。调节晶棒的位置,使晶体顶部的温度高于熔点 2 050 ℃而低于沸点 2 150 ℃,从而保证有 $2 \sim 3mm$ 的熔融层。经过籽晶的扩大放肩,再进行等径生长到预定尺寸。最后,晶体停止生长,应以原状放在炉内冷却。此时的冷却条件对晶体质量也有相当大的影响,若采用急冷,晶体内外温度差较大,会引起内应力增加,晶体表面脆性增大,容易开裂。

在彩色合成刚玉类晶体生长时,由于着色剂的加入,粉料的熔点降低,晶体生长温度也会降低,并且某些着色离子在刚玉中的分配系数小于1,由这些离子致色的晶体生长后会产生颜色不均匀或晶体易裂的缺陷。

刚玉类宝石生长的晶体质量不一,通常为 $150 \sim 750ct$ 大小的梨晶,直径达 $17 \sim 19mm$。目前最大能生产直径达 $32mm$ 的晶体。

(5) 合成刚玉类宝石的退火处理

退火处理的主要条件为温度和时间。焰熔法生长出的刚玉类宝石晶体由于温度梯度大造成内应力大,必须经退火处理。通常一根 $50mm$ 的梨晶,顶部熔融层温度为 2 050 ℃,而底部可能只有 100 ℃,因而结晶过程中使得晶体中的内应力可达 $80 \sim 100 Mpa$。若不退火消除内应力,则在加工和使用过程中非常容易破裂。用于珠宝首饰的焰熔法合成刚玉宝石晶体一般不退火,但都是从内应力最大的生长轴裂开,并以裂开面作为台面进行切磨加工。

具体实例:无色合成蓝宝石

将由焙烧铝铵矾制得的高纯度 $\gamma - Al_2O_3$ 粉料经给料系统均匀地通过燃烧炉 $[H_2 : O_2 = (2.0 \sim 2.5) : 1]$,在 2 900 ℃高温下熔融,滴落在具熔融层的优质籽晶顶部,随下降机构下降,经籽晶放肩扩大,冷凝结晶,当进行等径生长到预定尺寸后关炉,让晶体在炉内冷却。

为消除晶体内应力,尚需退火处理,退火温度在1 800℃左右,时间2h左右。一般用于珠宝首饰的蓝宝石不经退火处理,但作为台面的劈开面应从内应力最大的生长轴方向劈开。

4. 焰熔法优缺点

焰熔法生长晶体与其他方法相比,有如下特点。

(1)不需要坩埚,可避免坩埚的污染;
(2)温度高,可用来生产熔点较高的宝石晶体;
(3)晶体生长速度快,产量大;
(4)设备简单,劳动生产率高;
(5)火焰温度梯度大,晶体质量欠佳;
(6)温度不易控制,晶体易产生较大的内应力,故须退火处理;
(7)对粉料的纯度、粒度要求严格,损耗大,原料的成本高;
(8)对易挥发和易氧化的材料,通常不能用该法来合成宝石。

(二)水热法

模拟自然界热液成矿作用过程,水热法生长晶体宝石是在含水体系中由液相(溶液)转变为晶相的方式进行的。自然界热液成矿是在一定的温度和压力下进行的,而且成矿溶液具有一定的浓度和PH值(矿化剂溶液的性质因生长宝石晶体的不同而不同)。实验证明,只有在高压釜中才能满足宝石晶体模拟自然界生长的条件。所以,水热法有别于其他宝石晶体生长的体系。该法适用于常温常压下溶解度低而在高温高压下溶解度高的材料。

1. 生产工艺

根据晶体生长的运输方式,可分为三种生产工艺。

(1)等温法

等温法主要是利用溶解度差异来生长晶体,所用原料为亚稳相的物质,籽晶为稳定相的物质。在高压釜内上下无温差,是该法特色。

等温法的缺点是,无法生长出晶形完整的大晶体。

(2)摆动法

摆动法的装置由两个不同温度的圆筒组成。一筒盛培养液,另一筒放置籽晶。定时摆动两个圆筒,以加速两筒之间的对流。利用两筒间的温度差在高压环境下生长出晶体。

(3)温差法

温差法是在立式高压釜内生长晶体的一种方法,多用于合成水晶、红宝石、祖母绿、海蓝宝石等。晶体生长条件如下。

①矿质在矿化剂溶液中应具有一定的溶解度,并能形成所需的单一稳定晶相;

②矿质在适当的温差下能达到过饱和度而又不自发成核;

③晶体生长需要一定切型和规格的籽晶,并使原料的总表面积与籽晶总表面积之比值达到足够大;

④溶液密度的温度系数要足够大,以利于晶体生长溶液的对流和溶质的传输;

⑤高压釜容器要有抗高温耐腐蚀性能。

2. 基本装置

水热法的基本装置主要有高压釜、加热器、温度控制器和温度记录器等(图2-2)。

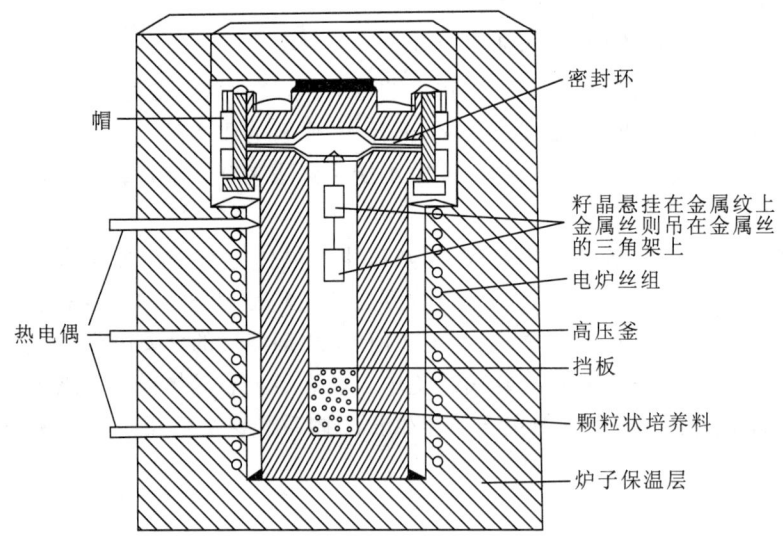

图 2-2 水热法生长晶体时所用电炉和高压釜的典型装置

3. 具体实例:水热法合成水晶

(1) 水热法合成水晶的原理

基本原理是在过饱和溶液中生长晶体、高压釜下部温度较高 SiO_2 渐渐向溶液内溶解,上部温度较低, SiO_2 慢慢析出,在放好的籽晶片上生长。在合成水晶时,必须加入一定量的矿化剂,以改变溶剂的原始成分与性质,才能增加 SiO_2 的溶解度。

(2) 水热法合成水晶的工艺

水热法合成水晶的工艺流程可以分为以下四个阶段。

①准备阶段。包括溶液的配制,籽晶的切割与清洗,培养料(熔炼石英)、籽晶、籽晶架挡板、系籽晶金属丝和高压釜自由空间的体积计算,充填度计算以及密封环压圈尺寸、加温、测温系统的检查等。

②装釜阶段。将熔炼石英放入高压釜内,放置籽晶架,倒入碱液(矿化剂溶液),测定液面高度,安装密封环,密封高压釜,然后将高压釜装入炉膛中,插入热电偶,盖上保温罩等。

③生长阶段。加热炉通电加热,将高压釜升温并进行温度调节,调节到所需的温度并控制温差。在生产过程中要保持温度稳定(一般要求温度波动在5℃以内)。生长完毕后停炉,打开保温罩,使上部热量的散失快于下部。降温后可将高压釜提出炉膛。

④开釜阶段。当釜内温度降到室温后,便可开釜取出晶体。然后,倒出残余溶液和剩余的熔炼石英,对生长出的晶体及高压釜进行清洗和检查。

4. 水热法特点

水热法生长晶体的典型条件是温度 $300\sim 700℃$,压力 $5.0\times 10^7 \sim 3.0\times 10^8 Pa$。

(1)能够生长存在相变(如 α-石英等)和在接近熔点时蒸汽压高的材料(如 ZnO)或要分解的材料(VO_2);

(2)能够生长出大而洁净的优质晶体;

(3)生长出的晶体与天然宝石晶体最接近;

(4)设备贵,安全性差;

(5)需要大小适当、切面合适的优质籽晶;

(6)因高压釜密封,整个生长过程不能直接观察;

(7)晶体大小受高压釜容器大小的控制。

(三)助熔剂法

助熔剂法,顾名思义,它是在高温下,矿质借助助熔剂的作用在较低温度下熔融,从熔融体中生长出宝石晶体的方法。

助熔剂法晶体生长过程,类似于岩浆结晶分异过程中矿物的形成,与水热法生长晶体相类似,只不过助熔剂代替了水溶剂。因此,助熔剂法也可称为高温熔体溶液法、熔剂法或熔盐法。该法在晶体合成中占重要地位,早在19世纪中叶曾有人用此法合成金红石,但由于焰熔法兴起而被忽视,直到近年来才得以大量应用。

1. 助熔剂法分类

根据晶体成核及晶体生长方式,助熔剂法可分为两大类。

(1)自发成核法

该法生长晶体过程的第一步,就是形成晶核。成核是一个相变过程,即在母液相中形成固相小晶芽。这一相变过程中体系自由能的变化为:$\Delta G = \Delta G_u + \Delta G_s$。

公式中:ΔG_u 为新相形成时体系自由能的变化,且 $\Delta G_u < 0$;ΔG_s 为新相形成时新相与旧相界的表面能,且 $\Delta G_s > 0$。这就是说,晶核的形成,一方面由于体系从液相转变为内能更小的晶相而使体系自由能下降,另一方面又由于增加了液—固界面而使体系自由能升高。实验表明,影响成核的外因主要是过冷却与过饱和。成核的相变有滞后现象,就是说,当温度降至相变点时,或当浓度刚达到饱和度时,并不能看到成核相变。成核总需要一定的过冷却或过饱和。另外成核可分为均匀成核与非均匀成核两种。均匀成核是在体系内任何部位成核率是相等的,非均匀成核则是在体系的某些部位的成核率高于另一些部位。

均匀成核是在非常理想的情况下才能发生,实际成核过程都是非均匀成核,即在体系里总是存在杂质、热流不均、容器壁不平不均匀的情况,这些不均匀性有效地降低了成核时的表面能位垒,核就优先在这些部位形成。所以人工合成宝石的总是人为地制造不均匀性,使成核容易发生,如放入籽晶、成核剂等。

该法按照获取过饱和溶液的方式不同,又可分为缓冷法、反应法和蒸发法三种,其中以缓冷法设备简单而被广泛使用(图2-3)。

①缓冷法是晶体材料全部熔于助熔剂之后,在高温炉中缓慢降温冷却,使晶体自发成核并逐渐成长的方法。该法可用来生产合成刚玉以及人造钇铝榴石。

②反应法是使助熔剂与待生长晶体的原料熔融,并发生化学反应,在一定的过饱和度条件下,晶体成核继而生长晶体的方法。

③蒸发法则是在恒温条件下蒸发熔剂,使熔体达到过饱和状态,从而使晶体从熔体中析出并长大的方法。如 CeO_2、$YbCrO_3$ 等晶体生长。

(2)籽晶生长法

该法是一种在熔体中加入籽晶的晶体生长方法。其特点是,仅让晶体在籽晶上结晶生长。克服了自发成核时晶粒过多的缺点。以晶体生长的工艺过程不同而分为如下几种方法:

①籽晶旋转法。旋转籽晶起到搅拌助熔剂熔融液使之向籽晶扩散的作用,加速晶体生长,减少包裹体[图2-3(b)]。

②顶部籽晶旋转提拉法。这是一种助熔剂籽晶旋转提拉法与熔体提拉法相结合的方法。使原料在坩埚底部高温区熔于助熔剂中形成饱和熔融液;在旋转搅拌作用下扩散和对流到顶部相对低温区形成过饱和熔融液,在籽晶上结晶生长,随着籽晶的不断旋转和提拉,晶体在籽晶上逐渐长大。该法的优点是可避免晶体的热应力,剩余熔体可再加入晶体材料和助熔剂继续使用。

③底部籽晶水冷法。当助熔剂挥发性高时,采用此法能获得良好的晶体。水冷保证了籽晶生长,抑制了熔融体表面和坩埚其他部位的成核,从而保证了晶体仅

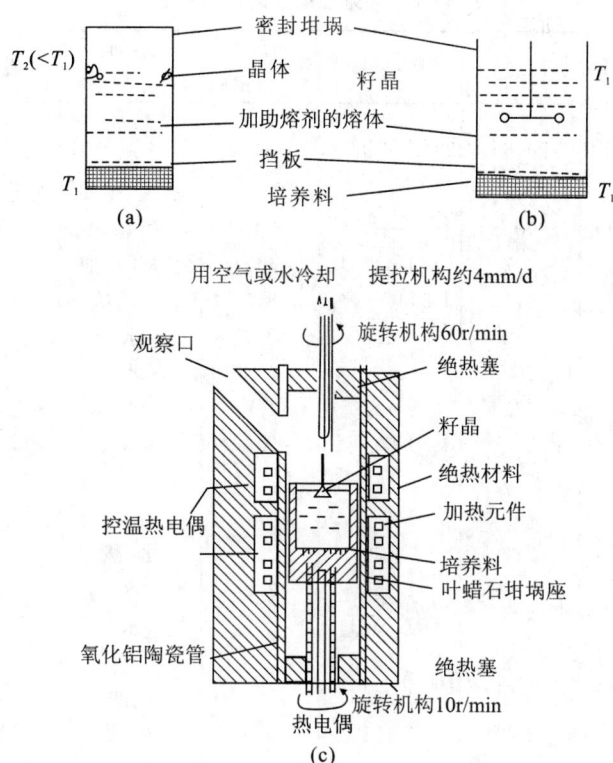

图 2-3 助熔剂法生长晶体的装置示意图

在籽晶上不断成长。

2. 助熔剂的选择

助熔剂法生长晶体,一定要有助熔剂。作为助熔剂,它必须具有当其熔化后能溶解待生长晶体的材料而又不易分解挥发的性质。因此,如何选择助熔剂,就成为生长晶体的关键因素,因为它将影响晶体生长的质量和生长工艺(表 2-2)。

选择助熔剂的基本原则是:

(1)溶解性高并随温度变化而变化,利于晶体生长。

(2)具有尽可能低的熔点与黏滞性,尽可能高的沸点,以利晶体在较宽温度范围内快速生长。

(3)挥发性要低,毒性和腐蚀性要小,易清除,以利环保和安全生产。

(4)不与晶体成分形成中间化合物,使生长晶体为惟一稳定相。

表 2-2 常见助熔剂的性质一览表

助熔剂	熔点/℃	沸点/℃	密度 (g/cm³)	熔剂（熔解助熔剂）	生长晶体举例
B_2O_3	450	1 250	1.8	热水	$Li_{0.5}Fe_{2.5}O_4$、$FeBO_3$
$BaCl_2$	962	1 189	3.9	水	$BaTiO_3$、$BaFe_{12}O_{19}$
$BaO-0.62B_2O_3$	915	—	约4.6	盐酸、硝酸	YIG、YAG、$NiFe_2O_4$
$BaO-BaF_2-B_2O_3$	800±	—	约4.7	盐酸、硝酸	YIG、$RFeO_3$
BiF_3	727	1 027	5.3	盐酸、硝酸	HfO_2
Bi_2O_3	817	1 890(分解)	8.5	碱、硝酸	Fe_2O_3、$Bi_2Fe_4O_9$
$CaCO_3$	782	1 627	2.2	水	$CaFeO_4$
$CdCO_3$	568	960	4.05	水	$CdCrO_4$
KCl	772	1 407	1.9	水	$KNbO_3$
KF	856	1 502	2.5	水	$BaTiO_3$、CeO_2
$LiCl$	610	1 382	2.1	水	$CaCrO_4$
MoO_3	795	1 155	4.7	硝酸	$Bi_2Mo_2O_9$
$Na_2B_4O_7$	724	1 575	2.4	水、酸	TiO_2、Fe_2O_3
$NaCl$	808	1 465	2.2	水	$SrSO_4$、$BaSO_4$
Na	995	1 704	2.2	水	$BaTiO_3$
$PbCl_2$	498	954	5.8	水	$PbTiO_3$
PbF_2	822	1 290	8.2	硝酸	Al_2O_3、$MgAl_2O_4$
PbO	886	1 472	9.5	硝酸	YIG、$YFeO_3$
$PbO-0.2B_2O_3$	500	—	约5.6	硝酸	YIG、YAG
$PbO-0.85PbF_2$	500±	—	约9	硝酸	YIG、YAG、$RFeO_3$
PbF_2	580±	—	约9	硝酸	$(Bi,Ca)_3(Fe,V)_5O_{12}$
$PbO-B_2O_3$	720	—	约6	盐酸、硝酸	YAG、YIG
$2PbO \cdot V_2O_5$	670	2 052	3.4	盐酸	RVO_4、TiO_2、Fe_2O_3
V_2O_5	705	—	2.66	热碱、酸	RVO_4
Li_2MoO_4	698	—	4.18	水	$BaMoO_4$
Na_2WO_4					Fe_2O_3、Al_2O_3

3. 助熔剂法的特点

助熔剂法与其他方法相比有以下特点：

(1) 适用性强，能生产多种宝石材料。

(2) 生长温度低，不仅节省能耗，而且节省耐高温材料。

(3) 能生产有挥发性组分并在熔点附近会发生分解的宝石晶体。

(4) 助熔剂法可在其相变温度以下生长晶体，避免破坏性相变。

(5) 生长出的晶体质量好，而且设备简单，便于操作。

(6)晶体生长速度慢,生长周期长,晶体小易含助熔剂阳离子。

(7)许多助熔剂具有不同程度的毒性,其挥发物还常腐蚀或污染炉体。

(四)熔体法

凡用坩埚生产晶体的方法通称熔体法。用于宝石的生产工艺,主要有晶体提拉法、熔体导模法、熔体底部冷却法、坩埚下降法、晶体的泡生法和弧熔法等。其中晶体提拉法和导模法是目前常用的方法。熔体法生长晶体,属非均匀成核类型的合成方法。

1. 晶体提拉法

这是一种利用籽晶从熔体中提拉出晶体的生产工艺,该法可生长出大而无位错的高质量单晶。目前已能够顺利生长出许多有实用价值的宝石材料。如浙江省巨化宝石厂,于1999年用泡生提拉法生长出国际上先进的照明用无色蓝宝石LED晶体;用熔体提拉法生长出直径达250mm,重约20kg的无色蓝宝石晶体供导弹与无人驾驶飞机等用的光学级窗口材料;又于2001年用该法生长出激光用掺稀土的钇铝榴石晶体。

(1)工艺原理与过程

将原料放入坩埚中,加热熔化,调整炉内温度,使熔体上部温度稍高于熔点。让安放在籽晶杆上的籽晶接触熔融液面,待籽晶表面稍熔后,降低温度至熔点,提拉并转动籽晶杆,使熔体顶部处于过冷状态而结晶于籽晶上。这样就在不断提拉和旋转籽晶杆的过程中,生长出圆柱状晶体(图2-4)。当生长的晶体达到一定规模离开熔体液面后,应在后加热器内逐渐冷却,以防晶体因温度剧降产生内应力而破裂。

(2)质量控制因素

①籽晶的质量:要求无位错或位错密度低的表面无损伤层的,能与熔体充分沾润的籽晶。

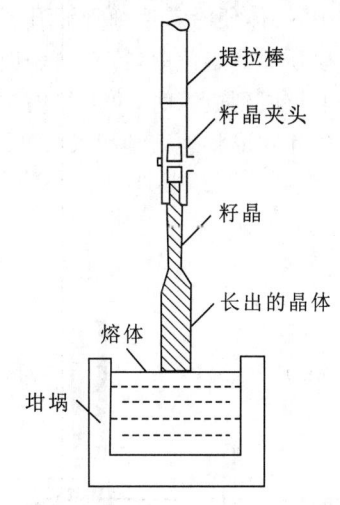

图2-4 晶体提拉法装置示意图

②温度控制:要求熔体中温度的分布在固液界面处的温度恰好是熔点,保证籽晶周围的熔体有一定的过冷度,其余地方温度高于熔点。

③拉速与转速:取决于待生长晶体的直径、熔体温度、位错、包体和组分过冷。此外,固液界面的形状(平面)也是决定晶体质量的重要参数。

④杂质:杂质的种类和数量的不同,对晶体质量的影响程度也不相同。

(3) 提拉法晶体特点

①可以直接观测晶体生长全过程。

②生长的晶体不与坩埚接触,避免了坩埚壁寄生成核和坩埚壁对晶体的压应力。

③晶体缺陷少,并能较快获得高质量取向的晶体。

④晶体易被坩埚及其他材料污染。

⑤机械传动装置的振动,温度的波动,熔体中复杂的液流作用等都会影响晶体质量。

2. 熔体导模法

(1) 工艺原理与过程

20世纪60年代,从提拉法基础上发展起来的熔体导模法是直接可从熔体中拉制出具有各种截面形状晶体的生长技术,实质上是提拉法的变种。其全名应叫边缘限定薄膜供料提拉生长技术(简称 EPG 法)。

该法是将生长晶体的材料在高温坩埚中加热熔化,把带有毛细管的导模放于熔体中,熔体便沿着毛细管涌升至具有一定形状截面积的导模顶端。将籽晶浸渍到导模顶部的熔体中,待籽晶表面回熔后,逐渐提拉上引。直至熔体在导模顶部的截面上扩展到边缘时,再进行提拉,使晶体进入等径生长阶段,晶体按导模顶部截面的尺寸和形状连续地生长(图 2-5)。

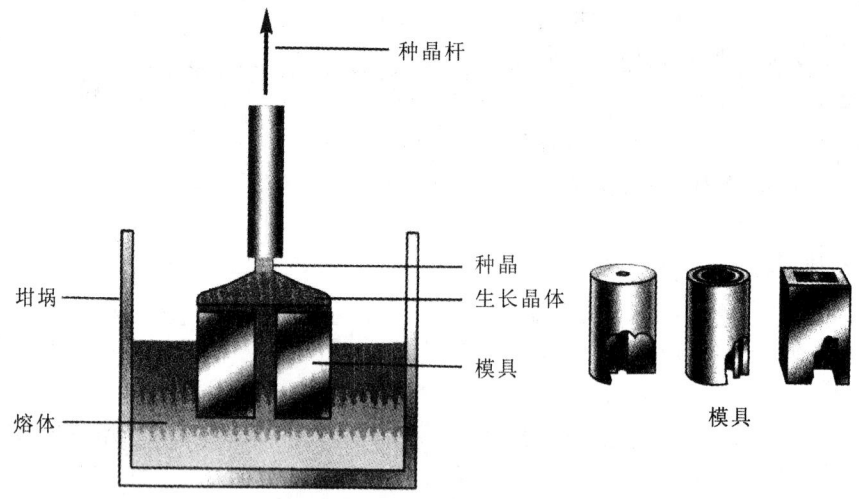

图 2-5 导模法提拉晶体

熔体导模法生长晶体的关键,是导模和炉内温度场的设计。导模设计一定要考虑熔体与模具材料是否有浸润性和化学反应,且模具材料的熔点要高于晶体的熔点;温度场设计要保证模口的温度合适。

导模法有两种不同类型:

①斯切帕诺夫法:该法是在20世纪60年代由苏联的斯切帕诺夫提出的,是将有狭缝的模具放在熔体中,熔体通过毛细现象由狭缝上升到模具顶端,与籽晶接触后,随着籽晶的提拉便按照导模狭缝规定的形状连续地拉制出晶体。此法的优点是不要求导模材料能否被熔体浸润。

②EPG法:是美国TYCO实验室的H·E·拉培尔博士于20世纪70年代初研究成功的导模法,亦称边缘限定薄膜供料生长技术。该法首要条件是要求模具材料必须为熔体所浸润,并且彼此之间又不发生化学反应。在浸润角θ满足$0<\theta<90°$条件下,使得熔体在毛细管作用下上升到模具顶部,晶体截面形状和尺寸则严格为模具顶部边缘的形状和尺寸所决定,而不是由毛细管狭缝决定。

此法生产的特殊规定形状晶体材料,可免除对宝石晶体加工所带来的繁重切割、成型等机械加工程序,减少材料加工损耗,节省加工时间,从而大大降低产品成本。

(2)熔体导模法的特点

①能够直接从熔体中拉出设定的丝、管、杆、片、板及其他多种特殊形状的晶体。

②能够获得成分均匀的掺质晶体。

③易于生长具有恒定组分的共熔体化合物晶体和无生长纹的光学均匀性好的晶体。

④晶体中可有导模金属及籽晶痕迹和籽晶缺陷。

⑤晶体常含有气态包裹体。

(五)冷坩埚熔壳法

冷坩埚熔壳法生长晶体不需要专用高温材料制作的坩埚,而是直接用拟生长的晶体材料本身作"坩埚",通过高频振荡器使其内部熔化,用作导电的"种子"熔体。在其外部设有冷却装置,使表层不熔,形成一层未熔壳,起到坩埚的作用。内部已熔化的晶体材料,依靠坩埚下降法晶体生长原理使其结晶并长大(图2-6)。该法生长晶体是以一种非晶质固相经液相(熔体)转变为另一种接近固相方式进行的。

该法主要用来生产合成立方氧化锆晶体材料。我国从1983年生产人造立方氧化锆以来,在设备上有很大提高。起初每台高频炉每炉只能生产出5kg,现在可生产出400kg人造立方氧化锆,产量大增,成本降低;同时以前生产的晶体较小,只有几十克重,现在可以达到单体 1 980g 以上,而且颜色也更为丰富。

熔壳法合成立方氧化锆晶体,通常要求 ZrO_2 粉料及 Y_2O_3 稳定剂的纯度为 99%～99.9%。杂质含量应小于 0.005%～0.01%(NiO、TiO_2、Fe_2O_3 等);生产彩色立方氧化锆,只需要在 ZrO_2＋Y_2O_3 的混合料中加入着色剂即可生产出各种颜色的晶体,特别是蓝色和绿色的晶体可用来仿制蓝宝石和祖母绿(表 2-3)。

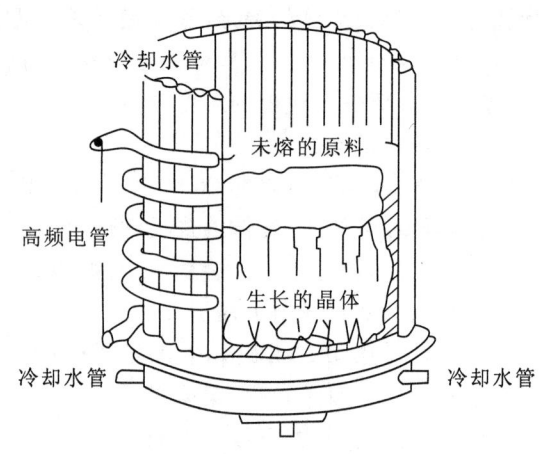

图 2-6 冷坩埚熔壳法

表 2-3 合成 CZ 中着色剂与相对应的体色

着色剂	质量百分含量	晶体颜色
Ce_2O_3	0.15	红色
Pr_2O_3	0.1	黄色
Nd_2O_3	2.0	紫色
Ho_2O_3	0.13	浅黄色
Er_2O_3	0.1	粉红色
V_2O_5	0.1	黄绿色
Cr_2O_3	30.3	橄榄绿色
Co_2O_3	0.3	深紫色
CuO	0.15	淡绿色
Nd_2O_3＋Ce_2O_3	0.09＋0.15	玫瑰红色
Nd_2O_3＋CuO	1.1＋1.1	淡蓝色
Co_2O_3＋CuO	0.15＋1.0	紫蓝色
Co_2O_3＋V_2O_5	0.08＋0.08	棕色

(六)区域熔炼法

1.原理

据科学家蒲凡等研究,晶体在进行区域熔炼生长过程中,物质的输运驱动力来自于一种物质固相和液相之间的密度差。若液相密度大于固相的密度(熔化时体积收缩),物质则向熔区方向输运;否则,物质向相反方向输运。因此,区域熔炼技术可以控制或重新分配原料中的可熔性杂质。利用一个或数个熔区在同一方向上重复通过原料烧结以除去有害杂质,也可利用区域致匀过程(熔区在正、反两个方向上反复通过)有效地消除分凝效应,将所期望的杂质均匀地掺入到晶体中去,并可在一定程度上控制和消除位错、包裹体之类的结构缺陷。

2.工艺

区域熔炼法分两种:一种是有容器的区域熔炼(图2-7),另一种是无容器的区域熔炼。宝石晶体的生长,多采用无坩埚区域熔炼法,亦叫浮区法(FZM)。

浮区法工艺过程为:把晶体材料先烧结或压制成棒状,然后用两个卡盘固定好;将烧结棒垂直的投入保温管内,旋转并下降(或移动加速器),使棒料熔化;熔融区处于漂浮状态,仅靠表面张力支撑而不使液体下坠,由此可获得纯化或重结晶的单晶。

目前感应加热方式在浮区法合成宝石晶体中应用最多,既可在真空中应用,也可在任何惰性氧化或还原气氛中进行。

熔区移动可采用两种方式,一是原料烧结棒不动,加热器移动;二是加热器不动,原料烧结棒移动。

熔区温度的实际分布往往取决于功率和热源的特性、散热装置、烧结棒的热导率和液相中溶质的含量等。总的要求是,熔区内的温度应大于原料熔化温度,熔区以外温度则应小于原料熔化温度。

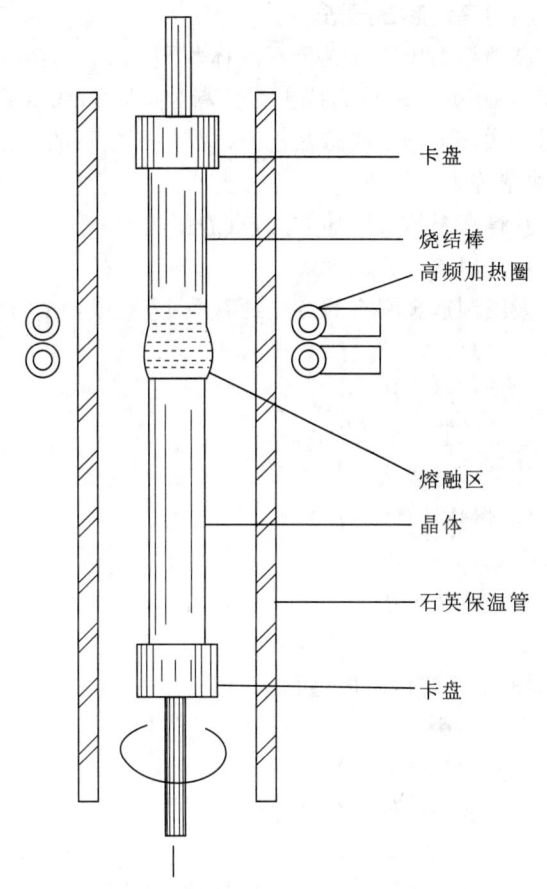

图2-7 区域熔炼法的设备图解

3. 区域熔炼法特点

(1)晶体无坩埚杂质污染。

(2)晶体质量好,很少有包裹体和生长纹。

(3)纯度高,内部非常洁净。

(4)在晶体生长过程中若工艺条件突变,可使晶体中出现生长纹混乱,颜色不均匀等。

(七)高温超高压法

高温超高压法合成宝石晶体材料,是指利用高温(500℃以上)超高压(1.0×10^9Pa以上)设备,使合成宝石原料(粉末样品)在高温超高压条件下,以变质成矿作用方式产生相变或熔融进而结晶生长宝石的方法。该法目前主要用于生产金刚石、翡翠等。

获得高温超高压的方法,有静压法、爆炸法(炸药、核爆)。

1. 金刚石的合成方法

人工制造金刚石的方法约有数十种,成功的方法可分为三大类:

(1)静压法

①静压触媒法

②静压直接转变法

③晶种触媒法

(2)爆炸法(动力法)

①爆炸法

②液中放电法

③直接转变六方金刚石法

(3)亚稳定区域内生长法

①气相法

②液相外延生长法

③气液固相外延生长法

④常压高温合成法

其中常用于合成钻石的是晶种触媒法(图2-8)。我国在1963年用高温超高压法生产工业级合成金刚石,当时每一次合成只能获得10～15ct的小颗粒合成金刚石,现在每次合成能得到60ct的合成金刚石,颗粒明显增大。

2. 翡翠的合成方法

(1)将化学试剂(硅酸钠与硅酸铝)称量,混合,加热熔融,形成翡翠玻璃料($NaAlSi_2O_5$)。

(2)把翡翠玻璃料粉碎成粉末与着色剂混合,装入高纯石墨坩埚中,并在

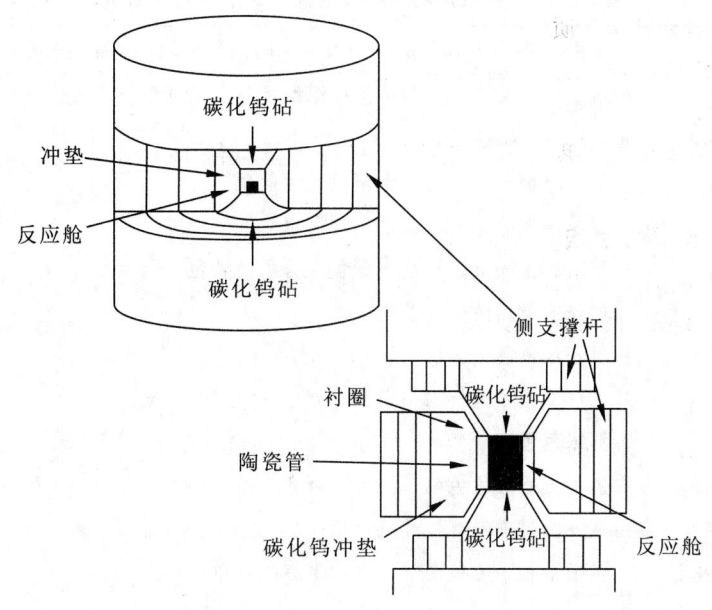

图 2-8 压带装置

140℃的烘箱中烘烤 24h 以上,再在六面砧压机上进行高温超高压(1 100℃为 $5.9×10^7$ Pa)处理(4h),断电降温,冷凝结晶成硬玉集合体。

实验室观察:滤色镜下合成品有的呈红色,有的呈绿色,表明铬离子有的已进入晶格,有的尚未进入晶格。

合成翡翠到达宝石级要求的关键是使其到达半透明并使 Cr^{3+} 进入晶格。

可使硬玉致色的致色剂种类,见表 2-4。

(八)化学沉淀法

化学沉淀法主要包括化学气相沉淀法和化学液相沉淀法。晶体生长是以液相或气相转变为晶相方式进行的。如用化学液相沉淀法合成欧泊、绿松石、青金石和孔雀石等多晶型宝石材料,以及用化学气相沉淀法合成多晶金刚石薄膜、大颗粒钻石和碳化硅单晶材料等。

1. 气相法合成金刚石薄膜

以低分子碳氢化合物为原料所产生的气体与氢气混合,在一定温压条件下使碳氢化合物离解,在等离子态时,生成碳离子。然后,在电场的引导下,碳离子在金刚石或非金刚石(Si、SiO_2、Al_2O_3、SiC、Cu 等)衬底上生长出多晶金刚石薄膜层。

表 2－4 不同浓度的不同致色剂对翡翠颜色的影响

致色剂	含量由 0.01%～10% 从小到大变化时翡翠玻璃料的颜色变化
氧化铬	柠檬黄色→黄绿色→绿黄色→深绿色→橄榄绿色→浅蓝色→
氧化钴	青莲色→深钴蓝
氧化镍	浅藕色→藕色→紫色→蓝紫色→深蓝色
氧化铜	浅蓝色→天蓝色→海蓝色→深墨水蓝
氧化锰	浅紫丁香色→紫丁香色→深紫丁香色→紫色
氧化铁	白色→浅黄绿色→浅黄褐色
氧化钛	灰色→浅灰色→白色
氧化钕	日光灯下紫红色→太阳光下青紫色（变色效应）
氧化镥	有鲜绿色色调
五氧化二钒	白色中带有蓝色色调→白色中带有红色色调
氧化铈	白色→白色中带有微红色色调
二氧化锡	白色中带有绿色色调→白色中带有微红色色调
四氧化三铁	白色中稍有黄色色调
亚硒酸盐	白色中有粉红色色调

目前 CVD 法有多种：热丝 CVD 法、微波等离子体 CVD 法、直流等离子 CVD 法、激光等离子体 CVD 法、等离子增强 PECVD 法，火焰法等。按等离子体的产生原理，所有 CVD 方法可分为四类：热解 CVD 法、直流等离子体 CVD 法、射频等离子体和微波等离子体 CVD 法。

2. 气相沉淀法合成碳硅石

碳硅石 SiC 的结构有 150 多个构型。目前只有 a－SiC 的 4H 和 6H 构型能长成大块晶体，属六方相。

（1）阿杰法：将碳（石油焦碳或无烟煤 C）与砂子（SiO_2）及少量锯末和盐相混合，放入用混合物包好的石墨棒，通电、加热至 2 700℃便生产 SiC。（$SiO_2+3C →SiC+2CO$）。

（2）莱利法：将生成碳化硅单晶的原料粉末，经过多孔的石墨管后，加热升华成气态，不经过液态，直接在晶种上结晶，生长出梨晶状的 SiC 单晶体。

3. 实例：化学沉淀法合成欧泊

（1）合成欧泊的原理

从化学成分上看，欧泊的组分为含水 3%～10% 的二氧化硅，其结构中的圆球由无定形的二氧化硅或方石英及水组成，在球与球的间隙内二氧化硅与水的比例稍有变化,通常含有更多的二氧化硅,这为衍射提供了足够的折射率差。基于以上原因,欧泊具有其特殊的变彩效应。变彩的颜色与二氧化硅圆球的大小有关:当圆球直径小于138nm时,只有紫外光被衍射,观察不到变彩效应;当圆球直径为138nm时,以紫色变彩为主;直径为241nm时,出现一级红至一级紫的各种颜色,这也是质量最好,变彩最丰富的欧泊;当直径大于333nm时,衍射仅限于红外光,欧泊也不会呈现变彩效应。欧泊通常由不同颗粒集合体组成,每一颗粒由均匀的同一直径小球呈层状有规律排列,并构成三维光栅。因此在一个欧泊抛光面上,可以看到一些由小片颜色组成的彩图,各色区的大小在1~10mm之间,这一是由SiO_2球体颗粒的大小来决定的。

欧泊内部奥秘的揭示,为欧泊的合成与仿制提供了理论依据。尽管原理很简单,但直到1972年,合成欧泊才由P·吉尔森首次合成成功。实用的合成欧泊到1974年才开始投放市场。

(2)人工合成欧泊的工艺过程

虽然欧泊的合成方法是严格保密的工艺秘密,但一般认为合成欧泊的生产过程可分为三步:

①二氧化硅球体的形成。一般是用某些高纯度的有机硅化合物,如四乙基正硅酸酯,通过有控制的水解作用生成单色二氧化硅球体。通常使四乙基正硅酸酯以小滴形式分散在乙醇的水溶液中,加入氨及其他弱碱并搅拌,使其转化为含水的二氧化硅球体。

反应过程中必须小心控制速度和反应物浓度,以便使制备的二氧化硅球体具有相同的尺寸。按所要求得到的欧泊的种类不同,得到的球体直径也不等。(球体直径为200nm,300nm等等)

②二氧化硅球体的沉淀。使分散的二氧化硅球体在控制酸碱度的溶液中沉淀。这一步骤耗时可能要超过一年。一旦沉淀,这些球体便会自动呈现最紧密排列的形式。

③球体压实、合成欧泊的生成。这一步骤是使产品达到宝石级要求的关键,也最为困难。第二步的产物类似钡冰长石,具有很大的脆性,而且会迅速干燥失去其颜色,所以必须对球体进行压实。压实球体的方法是对其施加静水压力。加压时将其放入钢制活塞内,加入传压液体,当加入的量增多时,静水压力沿各个方向施加在沉淀的球体上,而不至于使其变形。

目前,合成欧泊已有好几个品种,包括白欧泊、黑欧泊和火欧泊。主要产地为法国和日本。

第二节 合成宝石特征

由于当代合成技术的发展,几乎所有天然宝石都可在实验室里合成,而且与天然品的特征愈来愈接近,甚至达到难以分辨的程度。

一、合成金刚石(钻石)

宝石级合成金刚石主要采用高温高压法(HTHP)的BARS压力机生产,目前首饰用合成钻石的主要生产国有俄罗斯、乌克兰、美国等。HTHP合成钻石的主要物理、化学性质与天然钻石类似。

(一)晶种触媒法合成金刚石特征

1. 晶体外部特征

晶形一般为立方体{100}与八面体{111}的聚形。"BARS"法合成的钻石晶形上可有轻微的歪曲树枝状花纹,波状附生像及残晶薄片,温度过低时晶面的边缘常有突出而中心凹陷,温度过高时,整个晶体变圆。显微镜下可见生长纹理及不同生长区的颜色差异。

2. 颜色

合成钻石晶体一般呈浅黄色、橘黄色、褐色。低温生长者色较浅,高温生长者色较深。颜色明显依赖于所采用的触媒合金。若触媒为Fe-Al合金时,所生晶体为无色,含B(硼)元素其色为蓝,含Ni(镍)元素其色褐黄。颜色分布不均匀,可见沿八面体晶棱平行排列的色带。

3. 内含物特征

内含物主要是触媒金属,孤立或成群的出现于晶体表面或沿内部生长区间边界定向分布,呈浑圆状、拉长状、点状或似针状。净度级别主要在P级、SI级范围。HTHP合成钻石生长纹发育,其特征因生长区而异。八面体生长区的生长纹平直,并可有褐红色针状包体(仅在阴极发光下可见);立方体生长区无生长纹,但可有黑十字包体;四角三八面生长区边缘发育有平直生长纹。

4. 光性特征

常有很弱的异常双折射。干涉色颜色变化不明显,不如天然钻石明显。

5. 发光性

在紫外灯下、X射线和阴极射线下均呈规则的分区分带发光,不同生长区发出不同颜色的光,且为具有规则的几何图形。

6. 吸收光谱

Ⅰb型者一般无明显吸收,有时因生长过程中的冷却作用会造成658nm处的吸收；Ib+Ia型者在600～700nm处可见数条清晰的吸收线,而无天然钻石的415nm吸收线(见表2-5)。

表2-5 合成钻石与天然钻石的鉴别特征

项目	天然钻石	合成钻石
颜色	多呈无色,浅黄,浅褐,褐色,也有绿色,金黄色,蓝色,粉红色	多呈浅黄,浅褐黄色,也有无色,绿色和蓝色,且颜色不均匀,可见沿八面体晶棱平行排列的色带
类型	多为Ia型,也有Ib型,IIa型IIb型及其混合型	多为Ib型,也有IIa型、Ia+Ib型和IIa+IIb型(混合型)
晶形	多呈八面体,菱形十二面体及其聚形,晶面上会有解体状三角形生长丘	多呈立方体,八面体,菱形十二面体及立方八面体,晶面上可有不寻常的树枝状树枝纹,波状附生像及残留的晶薄片
包裹体	可见钻石、橄榄石、石榴石、尖晶石、辉石等矿物包裹体；Ib型钻石常含暗色针状或片状包裹体	常见晶体触媒包裹体,在反射光下呈亮片状,在透射光下呈黑色不透明、长约1mm左右,一般为浑圆或拉长状,孤立或成群出现,常平行于晶体表面或沿内部生长区间边界分布；另有一些包裹体呈尖点状或似针状
发光性	无规则的分区分带发光现象	在紫外灯、X射线和阴极射线下均呈规则的分区分带发光现象
吸收光谱	Ia型的"Cape"色者有1条或数条清晰吸收线,如415nm、453nm、478nm等	Ib型者一般无明显吸收,有时因合成钻石的冷却作用会造成658nm处的吸收；Ib+Ia型者在600～700nm处可见数条清晰吸收谱线
磁性	无磁性	因有含铁包裹体而具磁性

(二)化学气相法合成金刚石薄膜(CVD合成钻石)

1. 物理性质

硬度、导热性、密度、弹性、透光性等物理性质接近或达到天然金刚石。CVD合成钻石呈板状,{111}与{110}面不发育；颜色多为褐色和浅褐色,或为无色和蓝色。正交偏光下具强烈的异常消光,不同方向上有所不同。

2. 结构缺陷

存在有大量的(111)孪晶、(111)层错或位错。放大检查可见不规则深色包体和点状包体,可有平行的生长色带。

3. 导电性

蓝色合成钻石薄层具导电性,均匀分布在刻面钻石的全部表面。

4. 红外光谱

钻石膜是多晶体，表面具粒状结构，特征峰在 1 332cm^{-1} 附近，半高宽（FWHM），甚至在 1 500cm^{-1} 附近出现一个宽峰，在紫外线照射下通常出现弱的橘黄色荧光。

二、合成碳化硅（合成碳硅石）

合成碳化硅主要由莱利法生产，1998 年 6 月首先在美国亚特兰大等城市上市。其宝石学特征如下：

1. 颜色

无色至浅黄色、浅灰、浅绿、浅褐、浅蓝、绿色和灰色，是由掺入的微量氮铝杂质影响的。如黄色（含氮 0.01%）、绿色（含氮 0.1%）、蓝绿色（含氮 10%）、蓝色（含高量铝）。无色晶体不含氮或通过加入电荷补偿微量元素铝来减少氮的影响。

2. 光泽

透明，亚金刚光泽。

3. 晶系与光性

六方晶系，铅锌矿型结构。常呈块状，一轴晶正光性。

4. 折射率与色散度

折射率 2.648～2.691，双折率 0.043，聚焦于底尖能看到台面及冠部刻面的刻面棱反射重影。反射率约为 21.0%，色散度 0.104。

5. 密度与硬度

密度 3.20～3.24g/cm^3，摩氏硬度 9.25 左右。晶体的韧性极好。

6. 内含物

细长的白色管状物，不规则空洞，小的 SiC 晶体，负晶及深色具金属光泽的球状物，可三粒或多粒呈线状排列，也有一些呈云雾状的，分散的针点状包体，可能有气泡。

7. 吸收光谱

未见特征的吸收光谱。近于无色的合成碳硅石在 425nm 以下有一弱吸收。

8. 发光性

呈现惰性，少数在长波下呈中至弱的橙色荧光，极少在短波下呈弱橙色荧光；极少数的在 X 射线下呈中至弱黄色荧光。

9. 导热性

导热率为 230～490w/(m·k)，1w/(m·k)=1.163kcal/(m·h·k)。

10. 导电性

具导电性，为半导体材料。

11. 红外光谱

1 800cm^{-1}以下吸收,2 000～2 600cm^{-1}区域内有数条强的和尖锐的吸收峰,在3 000～3 200cm^{-1}区间勉强可见几个吸收峰。

12. 与钻石鉴别的简易方法

(1)光照法

将钻石与合成碳硅石混在一起的通货倒入塑料盘中,加水淹没宝石。在塑料盘下25mm处放一张白纸,在宝石之上15cm处用光纤灯或手电筒照明。若能用带狭缝的盘子盖住光源且在暗室中进行,效果更好。在光照下将塑料盘从一侧移至另一侧,可见合成碳硅石具鲜艳颜色,而钻石只有白色光芒。

(2)加热法

①用烘箱电炉或250W白炽灯加热这些宝石,这时合成碳硅石变成亮黄色,而钻石不变色。

②将一根火柴或打火机的外焰置于宝石正下方,钻石不变色,而合成碳硅石则变成黄色,但退火后,恢复原状。

(3)色散法

钻石台面向下放在浅的平底的干净玻璃碟中,完全浸入自来水内,以笔式灯垂直照明,合成碳硅石具有明亮的光谱色闪光,而钻石具有不太亮的有色闪光。

(4)比重法

将宝石放在二碘甲烷重液中,合成碳硅石浮起,钻石下沉。

三、合成祖母绿

合成祖母绿的方法主要有水热法和助熔剂法。其合成的产品折射率、密度等物理特征与天然祖母绿很接近,主要区别在于内部特征和红外光谱特征。不同生产工艺亦有不同。

(一)水热法合成祖母绿

用水热法合成祖母绿的有俄罗斯合成祖母绿、Linde法合成祖母绿、Biron法合成祖母绿、Lechleitner法合成祖母绿和我国桂林水热法合成祖母绿等。不同水热法合成祖母绿的特征见表2-6。

1. 颜色

浓艳的绿色。

2. 含水的结构

Ⅰ型水为主,亦有Ⅱ型水。

表 2-6 不同水热法合成祖母绿特征

品种	折射率	双折射率	密度(g/cm³)	紫外荧光	包体	其他特征	生长纹生长线与Z轴交角
莱切雷特纳 Lechleitner（澳）	1.570~1.605 1.559~1.566	0.005~0.010 0.003~0.004	2.65~2.73	红色	籽晶，交叉裂隙	浸油中可见分层，正交偏光波状消失	30°
林德 Linde（美）	1.567~1.572	0.005	2.67±	强红色	气体及羽状二相气液包体，平行钉状或针状包体，硅铍石	红外光谱中有 H_2O 的吸收，含Ⅰ型水	36°~38°
精炼池法 Refined pool（澳）	1.570~1.575	0.005	2.694	弱-无	云翳状窗纱状包体	红外光谱中有 H_2O 的吸收，含Cl	22°~23°
中国（桂林）	1.570~1.578	0.006	2.67~2.69	亮红	三相钉状包体，有时单个出现，成群出现时似麦苗状，硅铍石	含Ⅰ、Ⅱ型水	
拜伦 Biron（澳）	1.570~1.578	0.007~0.008	2.68~2.70	强红	二相钉状包体、硅铍石晶体、白色彗星状、串珠状微粒、助熔剂羽状包体和暗色金属包体	含Ⅰ、Ⅱ型水、Cl	32°~40°
俄罗斯（旧）（新）	1.572~1.578 1.579~1.584	0.006~0.007	2.68~2.70	弱红	无数细小的棕色微粒，呈云雾状	含Ⅰ、Ⅱ型水	30°~32° 43°~47°

引自《系统宝石学》(2006)

3. 红外光谱

水热法合成祖母绿，虽也含Ⅰ型水和Ⅱ型水，但水分子的伸缩振动和合频振动的峰位及强弱不同。水热法合成祖母绿，在中红外 $4357cm^{-1}$、$4052cm^{-1}$、$3490cm^{-1}$、$2995cm^{-1}$、$2830cm^{-1}$、$2745cm^{-1}$ 处有吸收，可与天然祖母绿区别开（见图 2-9）。

4. 内含物

常有二相包裹体，针状或钉状硅铍石和孔洞，固液包体分布在一个个平面上并且位于同一平面上的包体相互平行排列。在某种情况下，有双折射晶体，多相填充物的腔体和晶种形状的平面及扭曲的白羽痕状、纱状和棉絮状包体。此外，还有渣状包体呈面状分布，且晶体表面呈现特有生长波纹。晶体内部的波状或锯齿状生长纹和色带，大多平行于种晶板，与Z轴的交角在22°~40°之间，并具不规则的亚颗粒边界近于垂直色带,形成角状图案。

中国桂林采用水热法生产的合成祖母绿,属于含氯无碱系列,只有Ⅰ型水峰。平行C轴的钉状包体在宽头处常为金绿宝石,有时为绿柱石。固相包体分布与种晶边界有关,针管状包体的排列方向与种晶和主生长面垂直。

5. 特殊光学效应

在黑色底衬条件下,用强光源照射,在某些角度会出现红色。

6. 荧光性

较强的红色荧光。

7. 滤色镜观察

鲜亮红色。

(二)助熔剂法合成祖母绿

助熔剂法合成祖母绿的生产厂家有查塔姆、吉尔森、莱尼克斯等。不同厂商的合成祖母绿,其特点稍有不同(表2-7)。

1. 红外光谱

不含水,因此不存在任何水的吸收

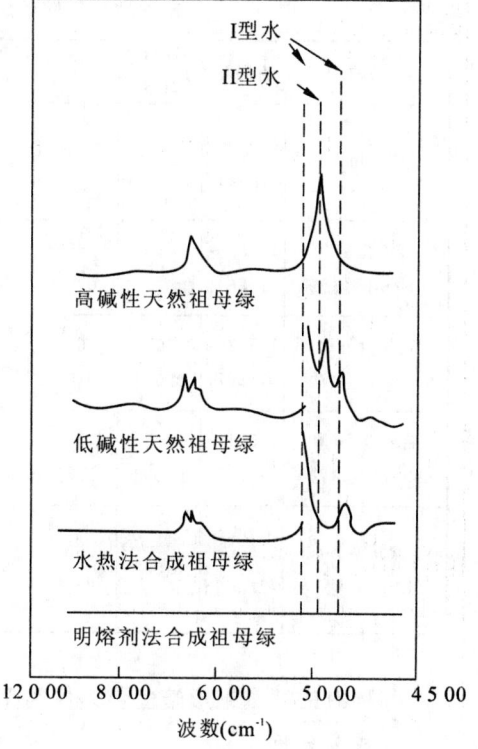

图2-9 天然祖母绿与合成祖母绿的红外光谱图

峰(见图2-9)。若有Fe添加(吉尔森N型),在紫区具427nm吸收带,天然祖母绿无此吸收带。

2. 内含物

未熔化的固体熔质包体,常沿裂隙和空洞充填,呈羽毛状、纱状或束状,像飘动的窗纱;阶梯状粗粒助熔剂包体;一些平行的带状或线条,它们或一致伸向六面棱柱面,或都与棱柱面成一定角度,有的顺着晶体轴方向出现,使六面型的外轮廓看上去像有个空洞一般;有时还有坩埚材料(铂金)和硅铍石的固态包体;有时还可以见到天然籽晶片的痕迹(颜色较深),环绕着籽晶的深色祖母绿部分显示出相同的包裹体特征。这些包裹体可分为五种类型:

①弯曲的像面纱或稻草把似的羽状包体类型;

②楔形钉状包裹体类型;

③气液二相包裹体类型;

④小的堆积状晶体类型;

表 2-7　不同助熔剂法合成祖母绿特征

品种	折射率	双折射率	密度 (g/cm³)	紫外荧光	包体	其他特征	生长纹
查塔姆 Chatham（美）	1.560~1.563	0.007	2.65±	强红色	羽状、面纱状包体及硅铍石晶体	红外光谱中无 H_2O 的吸收	C(0001) m(1010) u(1120)
吉尔森Ⅰ型 GilsonⅠ型（法）	1.559~1.569	0.005	2.65±0.01	橙红色	羽状包体、长方形硅铍石晶体	红外光谱中无 H_2O 的吸收	
吉尔森Ⅱ型 GilsonⅡ型（法）	1.562~1.567	0.003~0.005	2.65±0.01	红色	同上	同上，产品极少见	
吉尔森N型 GilsonN型（法）	1.571~1.579	0.006~0.008	2.68~2.69	无	纱状、束状固态熔剂包体，铂及硅铍石	同上，427nm处有特征吸收	
莱尼克斯 Lennix（法）	1.556~1.566	0.003	2.65~2.66	红色	不透明管状包体，硅铍石和绿柱石状晶体，助熔剂充填的裂隙	具浅-暗绿色条带	

引自《系统宝石学》(2006)

⑤稀有的大圆锥形暗色包裹体类型。

3.成分分析

含 Mo、V 等助熔剂的金属阳离子，而天然祖母绿却没有。

4.发光性

红色荧光。在短波下查塔姆合成祖母绿的透过率（低于 230nm 时）比天然祖母绿（小于 295nm 不能透过）强得多。

通过上述，助熔剂法或水热法合成的祖母绿，都非常相近天然祖母绿，一般不易区分。主要鉴别依据是，在显微镜和红外光谱仪对彼此的内部特征和红外光谱特征进行分析（表 2-8）。

四、合成刚玉类宝石

(一)焰熔法合成刚玉宝石

1.合成红宝石

(1)内部比较干净，无气泡或偶见气泡。气泡小而少，多为球状，少为蝌蚪状。若生产工艺不稳定时，可产生大量点状气泡成堆聚集，呈带状、云雾状分布。偶见未熔的氧化铝粉末和红色氧化铬粉末呈面包渣状。

(2)颜色鲜艳，过于纯正，可有深红色、橙红色、紫红色等多种颜色，往往给人

表 2-8 天然祖母绿和助熔剂法、水热法合成祖母绿的区别

种类 性质	助熔剂法合成祖母绿	水热法合成祖母绿	天然祖母绿
密度(g/cm³)	2.65～2.67	2.67～2.69	2.69～2.74
N_e	1.560～1.563	1.566～1.576	1.565～1.586
N_o	1.563～1.566	1.571～1.578	1.570～1.593
双折射率	0.003～0.005	0.005～0.006	0.005～0.009
内部特征	硅铍石、铂片、弯曲的脉状裂隙、两相包体	硅铍石、细小的两相包体	云母、透闪石、阳起石、黄铁矿、方解石、三相包体
水	无	含Ⅰ型水和Ⅱ型水	含Ⅰ型水和Ⅱ型水
钾	可变	无	可变
红外光谱	无水吸收峰		

（据 Kurt Nassan,1979)

"假"的感觉。

(3)具有较宽的弧形生长纹,并贯穿整个样品。现在因技术改进生长纹的曲率相对变小,在较小范围内看上去变得相对平直。在加工抛光过程中,可产生雁行状裂纹,亦可在后热处理过程中产生裂隙。若充胶,可在裂隙内部产生一种假指纹状包体。

(4)由于台面是平行或近于平行 Z 轴取向的,故在台面方向上有较明显的二色性。

(5)紫外光照射下,呈中强—强的红色荧光。

(6)X 射线照射后,可有红色磷光现象。

2.合成蓝宝石

(1)颜色多种,蓝色蓝宝石从台面看是蓝的,从腰部看是紫蓝色的。

(2)气体包体、固体包体、生长纹、二色性等方面同合成红宝石,在荧光性及吸收光谱方面见表 2-9。有时气泡周围会有蓝色物质聚集,容易发现。

(3)天然蓝宝石中的铁吸收线 450nm 有可能消失或很弱而模糊。

3.合成星光红(蓝)宝石

(1)颜色、透明度:合成星光红宝石粉红—红色,半透明—透明;合成星光蓝宝石有乳蓝—蓝色、白色—灰色、紫色、绿色、黄色、褐色、黑色,半透明。

表 2-9 焰熔法合成刚玉类宝石的特征对比

宝石品种	生长结构	内含物	光谱	紫外荧光	其他特征
红宝石	六方形色带	金红石、愈合裂隙	Cr 光谱	强—中	台面垂直 C 轴
合成红宝石	弯曲生长纹	气泡、粉末	Cr 光谱	很强	没有定向
蓝宝石	六方形色带	金红石、愈合裂隙、晶体包体	450nm 窄带	弱、橙红色（长波）	平直的裂隙
合成蓝宝石	弯曲生长纹	气泡、小气泡群、粉末	缺失	弱、蓝白色（短波）	弯曲的裂隙
黄色蓝宝石	六方形色带	金红石、愈合裂隙、晶体包体	450nm 窄带，或者没有	无—中,有吸收带的无荧光,反之黄色荧光	Fe^{3+} 或者 Mg^{2+} 为致色剂,不含 Ni
合成黄色蓝宝石	弯曲色带（蓝色玻璃滤光）	气泡、小气泡群、粉末	缺失	弱—无	含 Ni,Ni^{2+} 为致色剂
绿色蓝宝石	六方形色带	金红石、愈合裂隙、晶体包体	450nm 窄带	无荧光	Fe^{3+} 与 Fe/Ti 为致色剂
合成绿色蓝宝石	弯曲生长纹	气泡、小气泡群、粉末	缺失	中—弱,橙色	含 Ni,Co,Ni^{2+} 与 Co 为致色剂
变色蓝宝石	六方形色带	金红石、愈合裂隙、晶体包体	Cr 光谱	弱,红色	Fe^{3+} 与 Fe/Ti 为致色剂,几乎不含 V
合成变色蓝宝石	弯曲生长纹	气泡、小气泡群、粉末	470nm 细线	弱、蓝白色（短波）	含 V,V^{3+} 为致色剂
无色蓝宝石	弱的六方形色带	金红石、愈合裂隙、晶体包体	无	中—弱,黄色荧光	没有普拉托效应
合成无色蓝宝石	无	气泡、小气泡群、粉末	无	中—弱,蓝白色荧光	普拉托效应

(2)弧形生长纹一般平行于底面,气泡往往沿弧形生长层分布。细小的金红石包体沿三向密集排列,呈云雾状。

(3)星线细而窄,完整、清晰,分布于样品表层,无宝光。

合成星光红(蓝)宝石与天然品的鉴别特征见表 2-10。

表 2-10　焰熔法合成星光红(蓝)宝石特征

项目		合成品	天然品
表面特征	星光	星光浮在表面、异常明亮、不柔和	星光发自晶体内部、柔和
	星线	星线连续且细直均匀，星线交点清楚且交汇处无加宽加亮现象浮于表面(无宝光)	星线宽窄不一，成波浪状向前延伸，星线交汇处加宽加亮(宝光)
内部特征		可观察到弯曲生长纹(凸圆形宝石背面尤为清楚)和极细白色粉末及分散的金红石包裹体	可见棱角状包体且颜色有分带现象
紫外荧光	长波	合成星光红宝石呈极强的亮红色	天然星光红宝石呈弱红色
	短波	合成星光红宝石呈极强的亮红色 合成蓝宝石呈蓝白色	天然星光红宝石呈弱红色，天然星光蓝宝石呈惰性

(二)水热法合成刚玉宝石

1. 晶体外部特征

(1)晶体外形多为厚板状－板状，常见的单形有六方双锥{2241}和{2243}，次为菱面体{0111}，偶见负三方偏三角面体{3581}及平行双面{0001}。

(2)晶体的六方双锥晶面上普遍发育有各种生长花纹。较为常见的有舌状或乳滴状生长丘，阶状生长台阶，格状生长纹理和不规则生长斜纹，偶见放射纤维状条纹。这些生长花纹与晶体生长过程中的温度、压力、矿化剂，溶体流向和温度梯度密切相关。是晶体内部镶嵌结构及生长位错的一种表现形式。

(3)晶体可出现开裂现象。合成红宝石的开裂有两种情况：一种是沿籽晶面开裂(主要是由于晶体与籽晶之间存在较大的应力所致)；另一种是在{2243}晶面上呈现规则的网状开裂(这是由晶体的结构及生长条件所决定的)。合成黄色蓝宝石晶体的开裂情况有三种：一种是沿晶体菱面体方向二组开裂；一种是沿籽晶片中央开裂；另一种是沿籽晶与晶体结合面开裂。后者开裂的原因较复杂，初步认为可能与籽晶和晶体间的晶格失配或晶体畸变有关。而晶体中某些可溶性杂质或胶状机械混入物的掺入，以及生长过程中不均匀的热流冲击所产生的热波动等都可能是导致合成黄色蓝宝石晶体开裂的主要缘由。

2. 内部特征

(1)气液两相包裹体。或单独分布，或呈指纹状形式分布于愈合裂隙面，似网状，比天然刚玉宝石的指纹状包裹体立体感强且较为规则。常有特征的钉状流体包体密集定向分布。

合成红宝石的单体包裹体边缘圆滑且较规则,气液体积比例为20%。合成黄色宝石晶体中存在的单个或呈串珠状分布的气-液两相包裹体大小约为0.02～0.05mm,椭圆或不规则状,气液比例为15%～25%,一般远离籽晶而孤立分布,其外形特征与天然黄色蓝宝石中的流体包裹体极为相似。二者在镜下不易区别。

(2)气泡成群出现。早期合成的红宝石内部有的气泡群较多,呈0.01mm微小气泡密集分布在籽晶片,籽晶罩或挂金丝处。目前合成刚玉类宝石晶体内一般难以见到。

(3)存在籽晶片。若将宝石晶体置于溴化萘浸油中,可依据籽晶片与生长层之间存在不规则波纹状生长界线这一特征进行识别。

(4)固体金属包裹体。呈点絮状或团絮状分布的黄金微晶集合体,来自高压釜的黄金衬管或挂丝。

合成红宝石晶体中还可见一种灰白色的$Al(OH)_3$粉末,外形似面包渣,不透明。多沿籽晶片附近呈点状、面状分布。

合成黄色蓝宝石晶体中还可发现有可熔性杂质包裹体,多呈不规则的枝晶状,放射状或不规则粒状,无色透明,中突起,正交偏光镜下干涉色级序较高(与厚度有关),多沿晶体与籽晶结合面处呈不均匀分布;还可观察到外形呈规则或不规则网状的胶状机械混入物,为无色或浅黄绿色,透明,中高突起,仅存在于晶体与籽晶片的裂开处,并常与可溶性杂质包裹体或流体包裹体伴生。

(5)生长纹理和色带。合成红宝石晶体存在暗红与橙红色生长纹,呈平直带状相间分布,外观似"聚片双晶";部分合成黄色蓝宝石晶体内微波纹状生长纹理较发育,其分布多具方向性,并沿籽晶片方向展布。

(6)云烟状裂纹。因开裂现象,在早期合成的红宝石中可见云烟状裂隙,并较为发育。目前大多数水热法合成红宝石晶体内部较为洁净。

3. 光谱及紫外荧光特征

(1)紫外-可见光光谱特征:桂林水热法合成红宝石。紫外区域内241nm谱带是区别天然红宝石的重要佐证。

(2)红外光谱特征:桂林水热法合成红宝石普遍存在3 307cm^{-1}、3 231cm^{-1}、3 184cm^{-1}、3 013cm^{-1}的Al—OH伸缩振动谱带和2 364cm^{-1}、2 348cm^{-1}范围内有一系列的OH或结晶水振动的红外吸收光谱。

(3)紫外荧光特征:水热法合成红宝石比天然红宝石出现更强、更亮的红色荧光。合成黄色蓝宝石在长波下呈惰性,多数合成晶体在短波下荧光具分带性,籽晶片为中-弱的蓝白色荧光,少数在短波下也呈惰性。

(三)助熔剂法合成刚玉类宝石特征

1. 助熔剂法合成红宝石

(1)气泡单体之间似断非断,似连非连,与周围反差大。

(2)可见黄色至粉红色块状助熔剂包裹体,在透射光下多不透明,反射光下呈浅黄色、橙红色,且具金属光泽。形态多样,如树枝状、栅栏状、网状、扭曲的云状、管状、熔滴状、彗星状等。

(3)常见一种呈金属光泽,三角形、六边形或其他形状的铂金包裹体。

(4)在籽晶周围可见到特有的云朵状气泡集合体或帚状包裹体,偶尔可见粗粒助熔剂包裹体和有蓝色边缘的籽晶。

(5)合成红宝石中可有 Pb、B 等助熔剂阳离子存在。

(6)在短波紫外光下呈中—强的红色荧光,与天然红宝石(呈弱—中红色荧光)不同,有些品种因有稀土元素而有特殊的荧光可以进行鉴别。

(7)颜色较丰富,呈各种深浅不一的红色。可具搅动状的颜色不均匀现象(拉姆拉合成品),蓝色三角形生长带(俄罗斯合成品),笔直的生长环带及不均匀色块。

2. 助熔剂法合成蓝宝石

(1)内部特征:助熔剂残余、色带、铂金片等与相应的助熔剂法合成红宝石相同。

(2)荧光性:在紫外灯下,助熔剂残余可有粉红色、黄绿色、棕绿色等多种较强的荧光。

(3)吸收光谱:可缺失 460nm、470nm 吸收线。(见图 2-10)

(四)晶体提拉法合成刚玉宝石特征

晶体提拉法生产的刚玉宝石类,主要有合成无色蓝宝石和合成红宝石。

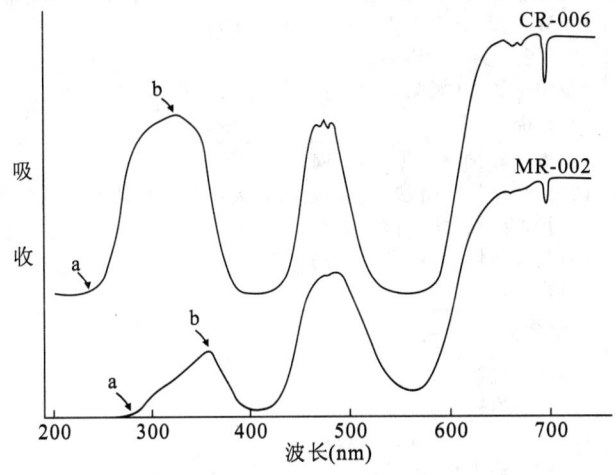

图 2-10 红宝石的吸收光谱图

CR-006:查塔姆助熔剂合成红宝石;MR-002:蒙素红宝石

(1)固态包裹体。主要是坩埚材料 Mo、W、Fe、Pt 等金属元素的残余片状包体。

(2)云朵状气泡群及帚状包裹体,或拉长的气态包裹体和很细的弯曲成圆弧的不均匀生长条纹,偶尔可见一些细微的类似于烟雾般的白色云状物质。

(五)导模法合成刚玉宝石特征

(1)可有导模金属的固态包裹体。

(2)有籽晶的痕迹及籽晶的缺陷。

(3)直径在 $0.25 \sim 0.5 \mu m$ 范围大小的气泡,不均匀分布。

(六)区域熔炼法合成刚玉类宝石特征

(1)纯度较高,内部非常洁净。

(2)荧光强于天然红宝石。

(3)分光镜下吸收光谱线,少于天然刚玉类宝石。

(4)宝石表面加工精细程度不够好,有"火痕"(即抛光过程中产生的波纹状或裂隙状痕迹)等。

(5)质量差的合成宝石,有混乱的生长纹,晶体颜色不均匀等。

(七)合成刚玉宝石包体特征

各种生产工艺合成的刚玉类宝石的包体特征对比,列于表 2-11。

表 2-11 各种生产工艺合成刚玉类宝石包体特征对比

生产工艺	包 体 特 征
焰熔法	(1)弧形生长纹; (2)气泡(单独或成群分布)
助熔剂法	(1)助熔剂残余(透射光下大部分不透明,灰黑色;反射光下呈现黄色、橙红色,具有金属光泽;外表形态丰富) (2)平行色带,不均匀色块 (3)铂金属片(规则,银白色反光,金属光泽) (4)籽晶片
水热法	(1)生长纹(波状,锯齿状,网状) (2)钉状包体("钉状"流体包体;较大的包体中心存在着深色的液态充填物,有时钉状包体十分细小,表现为一根根细针密集而定向排列) (3)金属包体(多边形,不透明,具金属光泽) (4)籽晶片
提拉法	鉴别特征类似焰熔法
导模法	(1)金属包体 (2)籽晶痕迹 (3)气泡(大小不等,分布不均)
区域熔炼法	(1)混乱的生长纹 (2)颜色不均匀

五、合成金红石

合成金红石,主要由焰熔法生产。焰熔法合成金红石的特征如下:

1. 颜色
常见的有浅黄色,也可有蓝色、蓝绿色、橙色等。

2. 密度
$4.24 \sim 4.26 \text{g/cm}^3$。

3. 吸收光谱
黄绿色金红石的吸收光谱在 430nm 处有一强的吸收带,其下全吸收。

4. 内含物
玻璃气泡包体,面包渣状未熔粉末固态包裹体。

5. 外观特征
晶体横截面上可有像唱片纹一样密集的弧形生长环带或色带。强重影(双折射),强色散(0.330)。

六、合成尖晶石

20 世纪初,L·帕里斯在用焰熔法合成蓝宝石时,用 Co_2O_3 做致色剂,MgO 做熔剂,偶然得到了合成尖晶石。现在人们已能生产各种颜色的合成尖晶石。

尖晶石的合成方法,主要是焰熔法、晶体提拉法。

(一)焰熔法合成尖晶石特征

(1)晶种中 Al_2O_3 含量比理论值高 2.5 倍。晶体内常有过多的 Al_2O_3 未熔残余物所形成的无数细针状包体,在晶体底部造成一种镜面反射现象,有时甚至可以产生星光效应。

(2)光性异常。在正交偏光镜下出现不规则、不均匀的格子状和波纹状异常消光现象,并可见染色剂斑点(色斑)。

(3)弧形生长纹或色带。

(4)内含物:伞状或酒瓶状气态包裹体,在垂直晶轴上出现裂纹。

(5)颜色浓艳均一,呆板。颜色有红、粉、黄绿、绿、浅蓝至深蓝、无色等,亦可有变色效应。

(6)折射率较高,一般为 1.728(+0.012,-0.008),合成变色尖晶石折射率为 1.73,合成红色尖晶石为 $1.722 \sim 1.725$。密度也较天然尖晶石稍高,一般为 $3.52 \sim 3.66 \text{g/cm}^3$。

(7)含 Cr 的红色合成尖晶石发红色荧光,强于天然尖晶石。

(8)合成蓝色尖晶石因含钴在滤色镜下呈红色,在短波紫外光下显强蓝色荧光,在长波紫外光下显强红色荧光。

(9)吸收光谱:红色合成尖晶石,在 686nm 见一细的荧光线;蓝色合成尖晶石,缺 458nm 吸收线;绿色合成尖晶石,425nm 为强吸收线,445nm 为模糊吸收带;绿蓝色合成尖晶石,有 425nm 强吸收线,443nm 模糊带及复杂的 544nm、575nm、595nm 及 622nm 的极弱 Co 吸收;合成变色尖晶石,有 400~480nm 宽吸收带,480~520nm 过渡带,580nm 为中心的宽吸收带及 685nm 窄线。

(二)晶体提拉法合成尖晶石特征

(1)内含物:坩埚材料,未熔化的 Al_2O_3 残余,拉长的气态包裹体和弯曲弧形生长纹。

(2)籽晶痕迹及籽晶与晶体界面的位错。

(三)助熔剂法合成尖晶石特征

助熔剂法合成的尖晶石与天然尖晶石成分相近,二者光学性质相似,不同点主要在于包裹体、吸收光谱和荧光特征等差异。

(1)内部特征:棕橙色至黑色助熔剂残余,单独或呈指纹状分布,铂片等。

(2)荧光特征:红色合成尖晶石:长波下强,紫红色至橙红色;短波下,强一中,浅橙黄色。蓝色合成尖晶石(Co 致色):长波下,弱至中,红至紫红,白垩状;短波下,强于长波。

(3)吸收光谱:红色合成尖晶石与天然缅甸红色尖晶石相近。蓝色合成尖晶石(Co 致色):500~650nm 强吸收,无低于 500nm 的铁吸收带。

七、合成水晶

水热法合成水晶的特征

水热法合成的水晶品种十分丰富,有无色的,彩色的,黑色的、双色的和多色的等等。合成水晶与天然水晶的差异表现如下。

(1)籽晶:中心有一平整的片状籽晶。晶核中的包体仅存在于核柱内,四周有断而不连之感。晶核与合成水晶之间的气泡都沿晶核壁分布,形成相互平行的"气泡壁",有些气泡呈蝌蚪状,头多向壁尾向外排列。

(2)包裹体特征:无矿物包体。可见单独或成群分布的"面包渣屑"状包体,平行于籽晶面并贯穿整个晶体的一层或两层以上相互平行分布的"桌面灰尘"状包体,釜壁和籽晶架的脱落物($NaAlSO_4$、$Na_3Fe_2F_{12}$、$Li_2Si_2O_5$ 等),像一撮须状的锥辉石($NaFeSi_2O_6 \cdot 2H_2O$ 或 $Na_2FeSi_2O_6 \cdot 2H_2O$)或石英的微晶核,出现在籽晶的生长界面上的长条状气-液包裹体。气液两相包体垂直籽晶板,色带平行籽晶板分布,平直而无夹角。

(3)双晶:凹面型、多面体、鼓包状、花絮状和火焰状双晶。

(4) 彩色水晶:颜色浓艳、均匀、呆板。合成紫晶中紫中带蓝色调,就像蓝宝石一样的六边形色带存在。批样中色调非常一致,紫色和黄色水晶在高倍镜下可见平行于籽晶板(籽晶面)的平行细密生长纹,在低倍镜下或肉眼观察仅能见一组色带或生长纹。紫晶中深紫色色团呈近平行的片状定向排列,大小、形态相近,界限明显。

(5) 光轴:合成籽晶的光轴大多平行台面,以 38.2°角斜交籽晶板;合成黄水晶的光轴大多垂直于台面,与籽晶板垂直。

(6) 热敏感:触及皮肤有温感,不太凉(与天然水晶比)。玻璃光泽。

(7) 红外光谱:合成紫晶在 $3\,545\,cm^{-1}$ 处有明显的吸收带(图 2-11),钴蓝色合成水晶在 640nm、650nm 处有吸收带,490~500nm 有吸收带。

(8) 透过率:合成水晶在波长为 $0.15\sim4\mu m$ 区域内的透过率与天然水晶不同,见图 2-12。

(9) 其他缺陷:可能存在位错,腐蚀"隧道"和生长纹等。

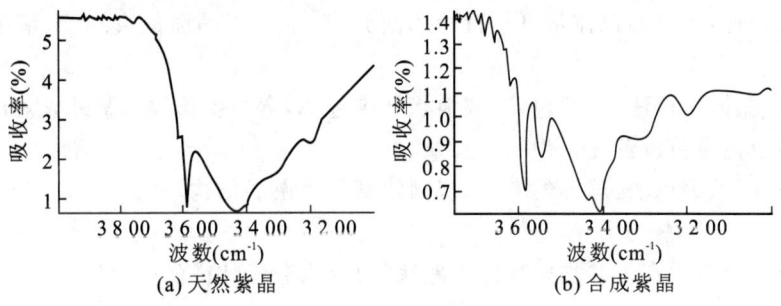

图 2-11 天然紫晶与合成紫晶的红外吸收光谱

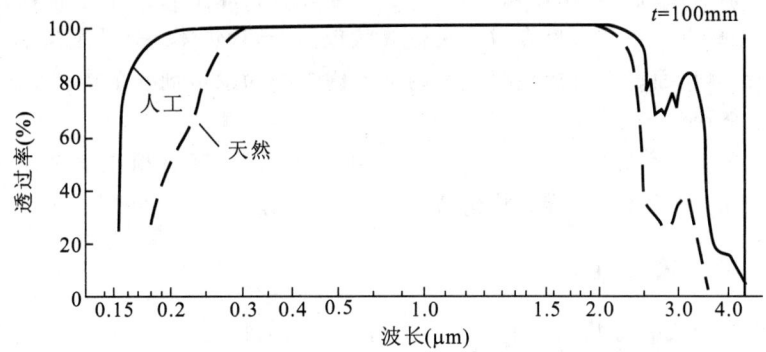

图 2-12 天然及人工合成水晶对波长为 $0.15\sim4\mu m$ 光谱的透过率曲线

八、合成变石

合成变石的方法有助熔剂法、晶体提拉法、区域熔炼法等,具有与天然变石相同的物理性质、化学成分和光学性质,与天然变石不同之处仅在于内部特征。

1. 常见颜色

日光下呈蓝绿色,白炽灯光下呈褐红至紫红色。

2. 密度

$3.72(\pm 0.02) g/cm^3$。

3. 硬度

8.5。

4. 紫外荧光

长波、短波下均为中至强的红色。

5. 内含物

(1)助熔剂法:残余助熔剂呈脉状、纱幔状包体,呈云雾状外观;六边形或三角形金属铂片,成层的包体常可平行种晶面分布;平行于晶面的直线状、清晰可见的生长纹。

(2)晶体提拉法:针状包体,波浪状纤维包体,弯曲生长纹。紫外光短波下表现出弱的白色至黄色荧光。

(3)区域熔炼法:球形气泡,不规则的颜色呈漩涡结构。

6. 吸收光谱

合成变石生产工艺均属高温熔融法,故无水分子特征的吸收峰。

九、合成金绿宝石

合成金绿宝石主要由助熔剂法生产。与天然金绿宝石的鉴别特征在于内含物,天然金绿宝石在放大检查时可见指纹状包体、丝状包体。透明的宝石可显双晶纹,阶梯状生长面。而合成金绿宝石的常见内含物为助熔剂残余物和呈三角形、六边形的铂金片。

提拉法合成金绿宝石,具针状包体及弧形生长纹;区域熔炼法合成的金绿宝石,具有小的球形气泡和旋涡状构造。

十、合成海蓝宝石

水热法合成的海蓝宝石不同于天然海蓝宝石的特征:

1. 成分

二价铁含量较高$(2.67\% \sim 2.99\%)$,并有镍和铬元素,而无 Mg^{2+} 和 Na^+。

2. 红外光谱

红外光谱中只存在Ⅰ型水的吸收峰;紫外光谱和可见光谱中可测出 Ni 和 Cr。

3. 内含物

飘纱状、钉状、针状等包裹体,籽晶界面以及微小不透明晶片等特征。

十一、合成欧泊

最早合成欧泊的是法国的 GILSON 公司,从 20 世纪 70 年代开始合成黑欧泊和白欧泊进入珠宝市场。目前市场上合成欧泊的种类越来越多。常用化学沉淀法生产的欧泊的外观和基本的物理性质与天然欧泊较为接近,化学成份为 $SiO_2 \cdot H_2O$,但含水量常比天然欧泊少,有些合成品含有少量的 ZrO_4。

1. 结构特征

合成欧泊的主要鉴别特征是色斑特点,最典型的是柱状色斑、镶嵌状色斑和清晰的色斑界线,色斑面上的晰蜴皮状构造。天然欧泊具有丝绢状色斑,而合成欧泊常为镶花状图案的独特游彩斑点,此斑点具特征的蜥蜴皮状、鳞片状、蜂窝状、镶嵌状或阶梯状结构,三维立体感明显,色斑界限清楚。在透射光或反射光下观察,蜥蜴皮状构造可能呈现波纹状结构。蜂窝状色斑,即如六方格子状,排列规则,蜂窝壁是由亮线构成的,而单个蜂窝内部较暗。六边形亮线是由球粒缝间所透出的干涉色光构成,而单个蜂窝内部较暗是由于颗粒本身透光性差所致。

合成欧泊的变形具有柱状的生长方向,在某一特定的柱状区内,变彩的颜色是一致的,如果在垂直柱状方向上观察,可显示柱状变彩。

天然欧泊的丝绢状色斑,是由于其形成过程中 SiO_2 球体受到液流干涉加上底层压力及应力变动,在球体之间产生构造呈纤维条带状的裂隙缺陷,导致干涉光的色散和漫反射的结果。

2. 光性特征

均质体,可有明显的异常双折射。

3. 物理特征

密度为 $1.74\sim2.12g/cm^3$,一般在 $2.06g/cm^3$ 以下,生产厂家不同略有不同。摩氏硬度 $4.5\sim6$,比天然欧泊低。

4. 荧光特征

白欧泊在长波下具中等强度的蓝到黄色荧光,无磷光;在短波下具中至强的蓝到黄色荧光,弱磷光。黑欧泊在长波下为无到弱甚至到中等强度的黄色荧光,无磷光;在短波下为无到弱黄色荧光。

5. 红外光谱

在 $3686cm^{-1}$ 处出现最强吸收谱带,在 $2980cm^{-1}$ 和 $2854cm^{-1}$ 有两个 O-H

谱带,在 2 000cm^{-1} 以下全部被吸收。与天然欧泊之别,见图 2-13。

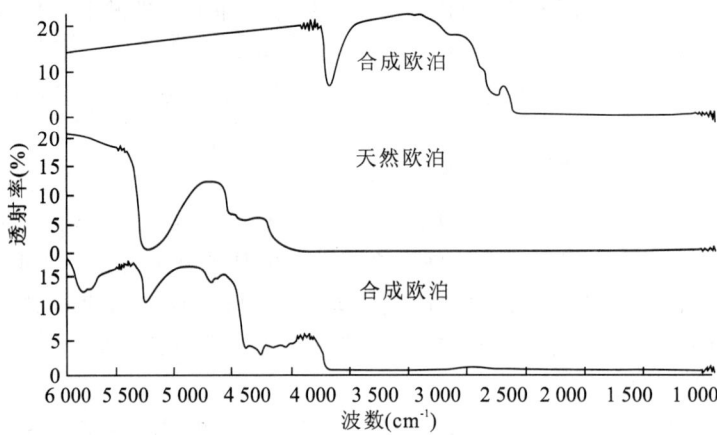

图 2-13 天然欧泊与合成欧泊的红外光谱图(透射法)

6. 特征对比

天然欧泊、合成欧泊、塑料欧泊三者的特征鉴别,见表 2-12。

表 2-12 天然欧泊、合成欧泊、塑料欧泊鉴定一览表

名称 要素	天然欧泊	合成欧泊	塑料欧泊
化学成分	$SiO_2 \cdot nH_2O$	$SiO_2 \cdot nH_2O$(吉尔森欧泊几乎不含水)	有机物
微量元素		Cl,Zr(部分)	
折射率	1.42～1.47,火欧泊为 1.37～1.40	1.45～1.46	1.50～1.52
光泽	玻璃光泽	玻璃光泽	蜡状光泽
密度(g/cm³)	2.08～2.15,火欧泊为 2.00	2.18～2.25 或 1.88～1.98	水中上浮
硬度	5～6.5	5.5	远小于 5
紫外荧光	无～中等	无或强	弱或强
放大检查	色斑二维分布(片状),界限模糊,色斑呈丝绢光泽	色斑三维分布(柱状),边界呈镶嵌状,蜥蜴皮结构	似天然
红外光谱	5 265 cm^{-1}	5 815 cm^{-1},5 730cm^{-1},1 730 cm^{-1}	与天然欧泊不同
其他	可含有天然矿物包体	部分合成品颜色鲜艳	常进行拼合

十二、合成绿松石

目前,有四种不同的绿松石制品,一种是由含水的酸酐类型的混合物组成并加入胶粘剂而制成,为粒状结构。其中可见白色斑点;一种是用 Al_2O_3 和 $Cu_3(PO)_4$ 原料由 P·吉尔森法合成的;另一种是利用陶瓷工艺将合成粉料烧结而成的,具有与天然绿松石相近的成分和结构;再一种是所谓的再造绿松石,是一种将劣质天然绿松石的碎粒、粉末加 $CuSO_4$ 染色后加胶加压而成的产品。其中只有 P·吉尔森的产品虽称合成品,但被认为是原材料的再生品,而不是真正意义上的合成绿松石。市面上常见的"吉尔森"绿松石有两个品种,一种是均匀纯净的原料,一种是加入外表类似于含绿松石基质的围岩成分。与天然绿松石的区别在于:

1. 常见的颜色

蓝色、浅蓝色,与优质波斯绿松石相似的颜色。颜色单一、均匀。

2. 成分

成分较均一。

3. 物理性质

折射率较低,为 $1.610\sim1.650$。硬度 $5\sim6$。

4. 吸收光谱

合成材料缺少天然绿松石的吸收光谱。

5. 放大检查

由无数微小的蓝色球粒组成(即所谓的麦片粥效应),可有黑色或深褐色的蛛网状"脉石",或嵌入黄铁矿小粒,形成"嵌金绿松石"。人造铁线纹理分布在表面,一般不会内凹。

6. 红外光谱

因含不规则分布的细粒物质产生宽而圆滑的吸收光谱模型,而缺失天然绿松石的吸收光谱,见图 2-14。

十三、合成孔雀石

由化学沉淀法合成的孔雀石,是将铜氨络离子 $[Cu(NH_3)_4]^{2+}$ 溶液和碳酸铜 $CuCO_3$ 溶液混合,缓慢加热,随着温度升高,铜离子溶解度降低达到过饱和而发生沉淀,形成孔雀石 $2Cu(OH)_2CaCO_3$。按其纹理可分为带状、丝状和胞状三种类型。

1. 带状合成孔雀石

是由针状或板状孔雀石晶体和球粒状孔雀石集合而成,条带宽 $0.03\sim4mm$,呈直线、微弯曲或复杂的曲线状,颜色由淡蓝至深蓝,甚至黑色。

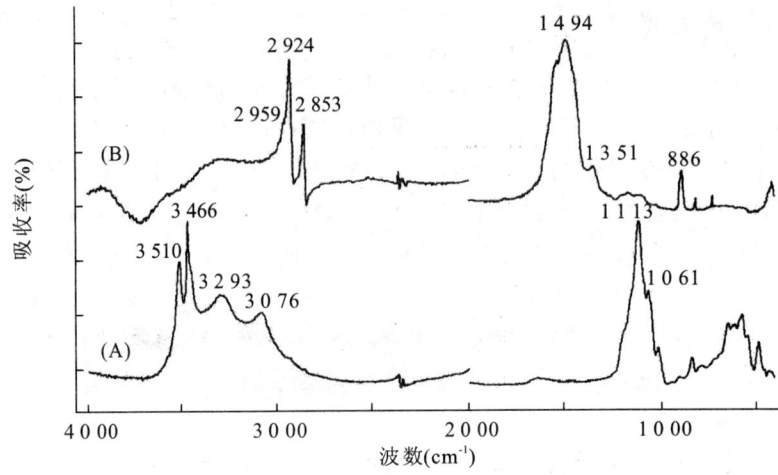

图 2-14　绿松石(A)与"吉尔森"绿松石(B)的红外吸收光谱(经 K—K 转换)

2. 丝状合成孔雀石

是由厚 0.01～0.1mm、长几十毫米的单晶体构成的丝线状集合体。平行晶体延向切磨成弧面可出现猫眼效应,垂直晶体延向切割,其截面则呈黑色。

3. 胞状合成孔雀石

有放射状和中心带状两种。放射状的,其胞体从中心向外作散射状排列,胞状体颜色亦由内向外为黑色而渐成淡绿色;中心带状的,每个带由粒度约为 0.01～3mm 的球粒组成,颜色从浅绿到深绿。

在这三个品种中,以胞状合成孔雀石为最高级别,可与著名的俄罗斯乌拉尔孔雀石相媲美。

合成孔雀石,其化学成分和物理性质与天然孔雀石基本相同,与天然孔雀石的区别在于合成孔雀石具有两个吸收峰的差热曲线,而天然孔雀石的差热曲线则只有一条。但差热分析属于有损鉴定。

十四、合成青金石

天然青金石是由青金石、蓝方石、方钠石以及少量方解石、黄铁矿等组成,此外还可有透辉石、云母和角闪石等。

德国于 1954 年曾用焰熔法仿造青金石,为含 Co 尖晶石及黄铁矿的聚晶。到 1974 年已出现四种类型的青金石仿制品:一种是由不含水的酸酐类型的混合物组成,并加入胶黏剂制成的产品,具粒状结构,有白色斑点。第二种是 P·吉尔森用化学沉淀法生产的合成品;第三种类型是利用陶瓷工艺将合成粉料烧结而成,其中有白色斑点及石英、方解石、蓝色者为方钠石、蓝方石,并不是真正的青金石;第四种类型是再造青金石。其中 P·吉尔森化学沉淀法制造的产品其实是一种仿制品,不是真正的合成材料,而是含有较多的含水磷酸锌。其特征是:

1. 透明度

完全不透明。

2. 颜色

蓝色、紫蓝色,颜色分布均匀。

3. 密度

一般小于 $2.45g/cm^3$,且孔隙度较高,放入水中一段时间后重量会有所增加,这一点对镶嵌宝石的鉴别特别有效。

4. 内含物

均匀分布的非常细小的微量的黄铁矿与方解石。黄铁矿具简单的棱角状的平直外形,反射光下显示特征的深紫色斑点并规则地分布,其周围无深蓝色环。

5. 荧光性

无荧光。

十五、合成翡翠

自 1963 年 Bell 和 Roseboom 发现翡翠是一种低温高压矿物以来,人们开始的合成翡翠的试制。20 世纪 80 年代,美国通用电气公司(GE)试制品在 2002 年由 GIA 作了报导。

1. 化学成分

SiO_2 为 59.74%～61.72%,Al_2O_3 为 23.90%～24.97%,Na_2O 为 13.65%～14.85%,Cr_2O_3 为 0.05%～0.07%,K_2O 为 0.02%～0.04%,CaO 为 0.02%～0.04%。与天然翡翠相比,贫 Fe 为特征,且 Ca、Mg 明显偏低。

2. 颜色

多为绿色－黄绿色,主要由 Cr^{3+} 致色。

3. 透明度与光泽

半透明。玻璃光泽。

4. 结构

微晶结构且细腻,硬玉微晶局部呈定向平行排列或卷曲－微波状构造。

5. 密度

$3.31～3.37g/cm^3$。

6. 折射率

1.66(点测)。

7. 荧光性

LW 蓝白色弱荧光,SW 灰绿色中—强荧光。

8. 吸收光谱

手持式分光镜下,红区明显可见三条吸收强度不等的吸收窄带。

9. 红外光谱

由羟基伸缩振动所致的红外吸收谱带 3 373cm^{-1}、3 470cm^{-1}、3 614cm^{-1},说明合成翡翠是在中低温、高压和水参与下结晶而成(图 2-15)。就整体而言,在红外光谱指纹区内,GE 合成翡翠与天然翡翠的红外吸收谱带的差异特征不明显。

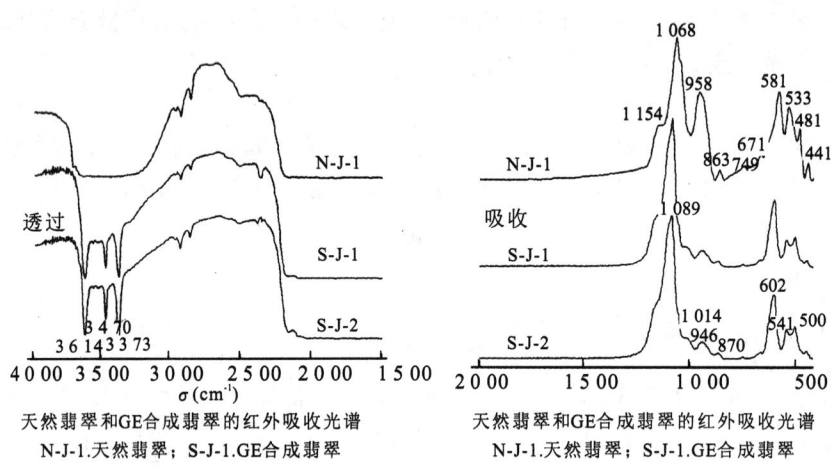

天然翡翠和GE合成翡翠的红外吸收光谱
N-J-1.天然翡翠;S-J-1.GE合成翡翠

图 2-15

十六、合成立方氧化锆

合成立方氧化锆也亦称"CZ 钻",因为最早是由前苏联人合成并在 20 世纪 70 年代作为钻石的仿冒品成功地推向市场,也被人们称为"俄罗斯钻"(此名称目前已经被废止了)。

(一)合成立方氧化锆的鉴别特征

1. 材料名称

合成立方氧化锆(注:有资料报道自然界发现立方氧化锆,极不稳定,易转变成斜锆石)。

2. 化学成分

ZrO_2,常加 CaO 或 Y_2O_3 作稳定剂,及多种致色元素。

3. 结晶状态

晶质体。

4. 晶系及常见晶形

等轴晶系,常呈块状。

5. 常见颜色

可呈各种颜色,常见有无色、粉、红、黄、橙、蓝、黑等。

6. 硬度

8.5。

7. 密度

$5.6 \sim 6.0 g/cm^3$。

8. 断口

贝壳状断口。

9. 折射率

$2.15 \sim 2.18$,略低于钻石(2.417)。

10. 光泽

亚金刚—金刚光泽。

11. 吸收光谱

无色透明者在可见光区有良好的透过率;彩色者可有吸收峰,对紫外光均有强烈的吸收。可显稀土光谱。

12. 紫外荧光

因颜色而异。无色:短波常呈弱至中,橙黄:长波:中至强,绿黄或橙黄。

13. 放大检查

通常洁净,可含未熔氧化锆残余,有时呈面包渣状,气泡。

14. 化学性质

非常稳定,耐酸、耐碱、抗化学腐蚀性良好。

15. 特殊光学效应

色散很强(0.060)。

(二)合成立方氧化锆和钻石的鉴别

合成立方氧化锆的性质与钻石的性质很接近。合成立方氧化锆的摩氏硬度为8.5,仅略低于红蓝宝石,可使琢磨出的棱线尖锐完美,闪光的平滑表面不易被划伤磨毛。而且,合成立方氧化锆可以制出透明度极佳,并完全无色的产品。这样,在将它琢磨成圆钻形的棱面石后,外观与钻石完全一样,几乎无法分辨。合成立方氧化锆除无色透明者外,成分中加入少量致色元素,可以获得鲜艳的红、黄、绿、蓝、紫和紫红色的产品。

尽管合成立方氧化锆磨成宝石后,外观极象钻石,还是可以用一些简单的方法来加以区分的。合成立方氧化锆的密度为 $6.0 g/cm^3$ 左右,是钻石密度 $3.5 g/cm^3$ 的

1.7倍,故它的手感比较重;或者用油性笔划过样品的表面,划过钻石表面时可留下清晰而连续的线条,划过合成立方氧化锆时则出现不连续的小液滴现象;或者对着样品哈气,对于雾气很快散开的样品为钻石,较慢散开的为合成立方氧化锆。当然要准确无误地区分它们最好还是通过仪器来鉴定,如反射仪、热导仪、显微镜等。

第三章 人造宝石

人造宝石是人工宝石系列中的重要组成部分。由于它具有漂亮的颜色,良好的透明度,晶体大小符合宝石加工工艺条件,用作首饰能达到甚至超过天然珠宝玉石的装饰效果,而且价格低廉等特性,深受人们的喜爱。

人类开发利用人造宝石,历时已久。如在5 000年前,古埃及人烧制上釉陶瓷来仿绿松石,我国在先秦时期已能烧制陶瓷和玻璃用作饰物。随着社会生产力和科学技术的发展,在珠宝市场上出现人造宝石先后有:1927年以醋酸纤维素仿珍珠,1936年用丙烯酸树脂仿紫晶、仿祖母绿和仿红宝石,1951年焰熔法生产出人造钛酸锶,1958年助熔剂法生产出人造钇铝榴石(YAG)、人造钇镍榴石(GGG)、人造钇铁榴石(YIG),1990年高温常压法生产出玻璃猫眼和稀土玻璃,1994年高温常压法生产出人造金星石,1995年微晶玻璃法生产出玻璃瓷珠猫眼,1999年出现低压高温法人造夜光宝石,以及存在已久的玻璃、塑料等。所有这些人造宝石,都是科学家们在实验室里根据社会需要而发明创造,自然界未知有对应物的。其目的除了用来仿天然珠宝玉石外,更是为其他行业(如:机械、航天、军事、电子等)提供了重要支持。

第一节 人造宝石制造法

人造宝石制造方法多与合成宝石制造方法相似,即合成宝石的制造方法均可用来生产人造宝石。

一、焰熔法

随着科学技术的发展,焰熔法不仅可用来合成红宝石、合成蓝宝石、合成彩色尖晶石、合成金红石、合成星光红宝石和合成星光蓝宝石等,而且已能成功地制造出人造钛酸锶($SrTiO_3$)、人造钇铝榴石(YAG)、人造钇铁榴石(YIG)等宝石级人造晶体材料。

二、助熔剂法

助熔剂法生长晶体材料已有百年历史,现在可用助熔剂法生长的晶体很多,不仅可以合成红宝石、合成祖母绿等宝石材料,而且可以制造从金属到硫族及卤族的化合物,以及从半导体材料、激光晶体、非线性光学材料到磁性材料、声学和首饰等人造晶体材料。

三、晶体提拉法

晶体提拉法是由 J. Czochralski 在 1917 年首先发明的,所以该法又叫丘克拉斯基法。我国是从 20 世纪 70 年代开始用此法来研制人造钇铝榴石和人造钆镓榴石晶体的,主要用于激光材料和军需品。

四、熔体导模法

熔体导模法是 20 世纪 60 年代才发展起来的生长特定形状单晶的先进方法,亦称 EBG 法。此方法已能生长出各种片、棒、管、丝及其他特殊形状的人造钇铝榴石、人造钆镓榴石等晶体材料。

五、冷坩埚熔壳法

冷坩埚熔壳法除用来制造合成立方氧化锆外,亦可用来生产人造钇铝榴石、人造钆镓榴石和人造钛酸锶。

六、区域熔炼法

区域熔炼法不仅用来生产纯度很高的合成红宝石、蓝宝石和变石等,亦用来生长人造钇铝榴石等人造晶体材料。

第二节 人造宝石特征

一、人造钛酸锶

人造钛酸锶晶体是由美国的迈克在 1951 年用焰熔法研制出来的,但生长出的晶体易裂,不能形成大块,直到 1955 年才获得成功,可商业化生产钛酸锶大晶体。

(一)生产工艺

人造钛酸锶($SrTiO_3$)主要用来仿钻石,其原材料为草酸锶和草酸钛的复盐。它由氯化锶、四氯化三铁和草酸发生反应而制得的 $SrTiO(C_2O_4)_2 \cdot 4H_2O$ 在 750℃下焙烧成 $SrTiO_3$ 深蓝到黑色的缺氧晶体,再经 1 200~1 600℃退火(氧化气氛中)2~4h 后,可获得无色透明晶体;若在还原气氛中退火,可得到蓝色晶体。也可经二次退火,即先在 1 700℃下退火,再在 800℃下退火,以改善晶体颜色。

彩色人造钛酸锶晶体,是在其生长过程中加入着色剂获得。如在粉末中加入钒、铬或锰,在退火后呈红色;加入铁或镍可获得黄色或棕色(表3-1)。

表3-1 人造钛酸锶颜色与着色剂关系

颜 色	着色剂	颜 色	着色剂
黄色－黄褐色	Fe	黄色－暗红褐色	Cr
黄色－暗红褐色	V	淡黄色－黄色	Ni
淡黄色－黄色	Mn	淡黄色－黄色	Co

(二)特征

(1)结晶状态:等轴晶系,块状体。

(2)常见颜色:无色、绿色。

(3)光泽与解理:玻璃光泽至亚金刚光泽。无解理。

(4)硬度与密度:摩氏硬度5～6,密度 $5.13(\pm 0.02)$ g/cm^3。

(5)光学性质:多色性:无,折射率:2.409,双折射率:无。

(6)紫外荧光:一般无。

(7)吸收光谱:不特征。

(8)色散:强(0.190),十分醒目。

(9)放大检查:偶见气泡,抛光性差,在刻面的腰围处可见擦痕,台面可见细痕。焰熔法生产的人造钛酸锶,还可见到弧形生长环带或色带,未熔化的粉料固态包裹体呈小面积密集分布。

(10)火彩:在其台面上可见极高的色散,使得在每一个小刻面上均能反射出五光十色的火彩。可用来仿明亮型钻石。

二、人造钇铝榴石

(一)生产工艺

1. 助熔剂法

(1)底部籽晶水冷法

原料为 Y_2O_3 和 Al_2O_3,助熔剂为 $PbO-PbF_2-B_2O_3$(少量)。配料比为:Y_2O_3(5.75%)、Al_2O_3(5.53%)、Nd_2O_3(1.16%)、PbO(38.34%)、PbF_2(46.68%)、B_2O_3(2.5%)。籽晶:YAG,底面为(110)晶面,高8mm,底面积为16mm×16mm。粉料在Pt坩埚里于炉中加热至1 300℃,恒温25h,以3℃/h的速度降至1 260℃。底部冷却,将籽晶浸入坩埚底部中心冷区,按20℃/h速度降至1 240℃,后以0.3

～2℃/h 速度降至 950℃，生长结束。

(2)自发成核缓冷法

有两种，一种是以 $PbO-PbF_2$ 为助熔剂：按比例称取 Y_2O_3(3.4%)、Al_2O_3(7.0%)、PbO(41.5%)、PbF_2(48.1%)，混合于 Pt 坩埚，入炉加热至 1 150℃，恒温 6～24h，后以 4.3℃/h 速度降温至 950℃。取出，倒出熔融液，晶体再入炉，冷却至室温，开炉取出晶体。

另一种方法是以 $PbO-B_2O_3$ 为助熔剂：按配比称取 PbO(185 g)、B_2O_3(15g)、Al_2O_3(6g)、Y_2O_3(8g)，混匀入 Pt 坩埚，置炉中加热至 1 250℃，恒温 4h，后以 1℃/h 速率降温至 950℃(亦可在 1 250℃时恒温 5h，后以 5℃/h 速率降温至 1 000℃)。将坩埚中熔融液倒掉，再将晶体入炉，继续冷却至室温。用硝酸溶去助熔剂。

2.提拉法

将原料 Y_2O_3 和助熔剂 Al_2O_3 混合(若用来仿祖母绿可加入着色剂 Cr_2O_3)，在带盖的刚玉坩埚中加热至 1 300℃，恒温 5～10h，然后取出混合物，粉碎、混匀，在 20T 压力下压成片；再在 1 300℃下烧结，再粉碎、压片，形成多晶片。最后，用高频炉加热至 1 950℃(YAG 熔点)，并用氩气(Ar)进行保护。待籽晶与熔体充分沾润后，缓慢向上提拉和转动晶杆，控制好提速(生长速率 1.22mm/h)和转速(10r/mim)。

3.浮区法

分别称取 55.35% 的 Y_2O_3 和 44.64% 的化学纯 Al_2O_3 置于 500℃ 温度下加热一昼夜，除去水分，冷却至室温后称重。将 Al_2O_3 和 Y_2O_3 粉末混匀，用静压法压成细棒，在 1 350℃ 下烧结 12h，然后将其磨碎，再压制烧结，如此往返三次。最后，将烧结棒用卡盘固定后置于保温管内，开始加热，从一端熔融后转动加热器或烧结棒，使其熔区向另一端推进，从熔区中结晶得到晶体。

浮区法生长人造钇铝榴石时，Al_2O_3 用量比理论配量多。这是因为按理论配比应为：Y_2O_3 占 57.05%、Al_2O_3 为 42.95%，若以此配比制棒，晶体在生长过程中会从透明状态转变为不透明状态，达不到宝石级，这是由于生成了 $YAlO_3$ 所致。

(二)特征

无色人造钇铝榴石多用来仿钻石，绿色人造钇铝榴石多用来仿祖母绿。但它与钻石和祖母绿具有不同的特征。

(1)结晶状态：等轴晶系，块状体。

(2)颜色：无色、绿色(可具变色)、蓝色、粉红色、红色、橙色、黄色、紫红色等。

(3)光泽与解理：玻璃光泽与亚金刚光泽，无解理。

(4)硬度与密度：摩氏硬度 8，密度 4.50～4.60g/cm^3。

(5)光学性质：均质体，无多色性，折射率 1.833(±0.010)，无双折射率。

(6)紫外荧光:无色YAG:无至中等橙色(长波),无至红橙色(短波);粉红色、蓝色YAG:无;黄绿色YAG:强黄色,可具磷光;绿色YAG:强,红色(长波);弱,红色(短波)。

(7)吸收光谱:浅粉色及浅蓝色YAG在600～700nm有多条吸收线。

(8)放大检查:洁净,偶见气泡。因生产工艺不同,可具有不同生产方法的固有瑕疵。

三、人造钆镓榴石

人造钆镓榴石是与人造钇铝榴石、人造钇铁榴石等一个系列,属于具石榴石结构的人造宝石。由于人造钆镓榴石可以掺入铬、稀土钕和过渡族元素,所以可有多种艳丽的颜色。人造钆镓榴石可用来作人造宝石,特别是绿色和蓝色晶体,更重要的是它还可用作工业上需要的磁泡材料和激光基质材料。

(一)生产工艺

人造钆镓榴石($Gd_3Ga_5O_{12}$)的生产方法有冷坩埚熔壳法、导模法、晶体提拉法等。

用晶体提拉法生长人造钆镓榴石的典型工艺,是用中频感应加热,铱坩埚,充N_2+O_2气体,提拉速度为6mm/h,籽晶杆转速为30r/min。种晶定向,沿(111)方向生长,长成晶体长20～25mm,宽60mm。

(二)晶体特征

不同生产方法制造的钆镓榴石除具有各自工艺特征外,还具有如下共同特征:

(1)结晶状态:等轴晶系,块状晶质体。

(2)颜色:通常为无色至浅褐色或黄色。

(3)光泽与解理:玻璃光泽至亚金刚光泽;无解理。

(4)硬度与密度:摩氏硬度6～7,密度7.05(+0.04,-0.10)g/cm³。

(5)光学性质:光性均质体,无多色性,折射率1.970(+0.060),无双折射。

(6)紫外荧光:短波中至强,粉红色。

(7)吸收光谱:不特征。

(8)色散:强(0.045)。

(9)放大检查:可有气泡,气液包裹体,金属片状包裹体。

四、玻璃

用作宝石的玻璃有天然玻璃和人造玻璃两种。天然玻璃是在自然条件下(地质作用或宇宙作用)形成的,如火山喷出的黑曜岩、玄武岩玻璃,或太空坠落地面的陨石型玻璃;人造玻璃是人们通过熔融技术和压膜技术制造的仿宝石材料。玻璃按成分可分为硅、苏打、石灰组成的冕牌玻璃和由硅、苏打、氧化铅等组成的燧石玻璃；按透明度可分为透明玻璃和半透明-不透明玻璃两类。

(一)制造工艺

中国开发利用玻璃，始于先秦。据考古发掘，在春秋战国时期出土有蜻蜓眼式玻璃珠、玻璃管等小型珠饰。到了战国后期，增添了璧、剑饰、印章等典型中国式样的玻璃器。如河南固始侯古堆一号墓出土有3颗蜻蜓眼式玻璃珠，中间穿孔，在绿色玻璃机体上嵌入蓝、白两种色调的玻璃乳纹，经检测含氧化钠10.94%，氧化钙9.42%，为典型的钠钙玻璃。在河南辉县征集的吴王夫差剑，剑格上嵌有3个透明程度较高的玻璃块，经检测含有铅、钡。玻璃璧，多具谷纹和云纹的简单纹饰，有浅绿、乳白、米黄、深绿等色。绝大多数玻璃的成分中氧化铅含量高达26.51%～48.50%，氧化钡含量一般在5.92%～19.2%。因此，含有氧化钡是战国至秦汉时期中国玻璃的显著特征。

汉代玻璃继承战国的传统，并开始制造玻璃容器。玻璃珠以单色球形为主，蜻蜓眼式开始少见。玻璃耳珰、带钩和蝉是西汉时出现的新品种。河北满城刘胜墓出土的玻璃盘和耳杯，为翠绿色，微有光泽，呈半透明状，晶莹如玉，玻璃的主要成分为硅和铅，并含有钠和钡。扬州西汉"妾莫书"墓出土的600片玻璃衣片，则属铅钡玻璃，氧化钡含量约20%。而这一时期的广东、广西的西汉墓中出土的玻璃器大多属于钾硅玻璃，与中原地区流行的铅钡玻璃迥然不同，也不同于西方流行的钠钙玻璃。

到了魏晋南北朝时期，中国玻璃制造已掌握了吹制技术，而且汉代常见的铅钡玻璃不再出现，代之而起的是不含钡的高铅玻璃和碱玻璃。装饰品有玻璃珠、环等，还有凸透镜、玻璃瓶、葫芦瓶、钵等，均为天青色，透明，含有较多的气泡。这一时期也是西方玻璃进入中国的重要时期，其成分仍为钠钙玻璃。

中国唐代玻璃继承了隋代的传统，有透明的高铅玻璃和碱玻璃两种。甘肃泾川舍利塔基下出土的玻璃舍利瓶是无色透明的；陕西临潼舍利塔精室中出土的玻璃舍利瓶和玻璃空心珠为绿色和褐色的透明玻璃；而湖北郧县唐李泰墓出土的玻璃瓶，黄色的为含氧化铅高达64%的高铅玻璃，绿色的则是含较多钾和镁的钠钙玻璃。

宋代玻璃以高铅玻璃和钾玻璃为主。常见的玻璃器是葫芦瓶，如河南新密市法海寺塔基出土的大量玻璃器中，有50余件器形是葫芦瓶、细颈瓶、蛋形瓶、壶形三足鼎、鸟形物等；以及江苏、浙江出土的同一时代的玻璃瓶，都属于高铅玻璃系统和钾铅玻璃系列。

元明清时期，玻璃生产更加普及，中西结合，创造了一大批玻璃新品种。元末张士诚之母曹氏墓中出土的玻璃珠和玻璃圭，涅白色，半透明，器形规整，工艺精湛。宋代出土有玻璃丝和珠、簪等饰物和精美器物。清代则大办玻璃厂，产品有青帘、佩玉、屏风、棋子、念珠、鱼瓶、簪珥、葫芦、砚滴、佛眼等,并大量出口。乾隆时期的玻璃,器型华丽,花纹精美,是清代玻璃生产的极盛时代,当时已生产金星玻璃、缠丝玻璃和3、4种颜色的套色玻璃,装饰技法多采用雕刻、描彩、泥金和珐琅彩。

现在,我国已是玻璃生产大国,具有满足各种用途的玻璃品种。

用于仿宝石的玻璃,通常是通过常规熔融技术获得的,而仿宝石玻璃制品通常使用压模技术来获得所需宝石形状,并为消除因冷缩造成的棱角圆滑和刻面凹陷加以氧化锡抛光。

为获得各种颜色玻璃仿宝石制品,通常需要在玻璃原料中加入不同元素离子的致色剂。如加入 Co_2^+,呈深蓝色;加入 Au,呈"金红"色;加入 Ag,呈"银黄"色;加入 V_2O_5,则具变色效应;加入 Mn,呈紫色;加入 Se,呈红色;加入 Cu,可呈红色、绿色或蓝色;加入 Cr,呈绿色;加入 U,呈黄绿色;加入硫化锑,呈"锑红"色;无色玻璃制造时需添加消除 Fe 致绿色的"玻璃肥皂";有些无色玻璃仿宝石时,是在玻璃亭部涂上适当的颜色,从而在台面上呈现彩色;或用真空覆膜技术处理,使玻璃制品发生晕彩;或在仿宝石制品亭部贴上衬箔,而显现强的闪光,等等。

玻璃透明度是由不同生产工艺来控制的。高透明玻璃需添加高纯添加剂,若想获得半透明或不透明玻璃,则应在制造过程中加入氧化锡。

(二)仿宝种类

1. 透明玻璃仿宝石

透明玻璃可以仿各种宝石,如钻石、各种颜色的水晶、托帕石、祖母绿、海蓝宝石,以及红宝石、蓝宝石等等。高铅玻璃具有高的折射率、密度、光泽和色散,可用来仿无色钻石;稀土玻璃折射率高、光泽强、颜色鲜艳,仿制绿柱石、托帕石等颇具相似性。不过尽管它们外观十分相似,但其本质是不同的,玻璃毕竟是非晶质的过冷液体。

2. 半透明至不透明玻璃

用于仿半透明宝石的玻璃,是将一些氧化物、磷酸盐等成分添加到含钙玻璃中,成为不溶的钙化合物,使玻璃呈半透明状。若仿青金石等不透明宝石,可在玻璃中添加稍大量的添加剂。

(1)仿猫眼石的人造玻璃猫眼

其光学效应是由各种颜色的光导纤维玻璃丝每根外边套一根无色玻璃管为原料,将几百根乃至数万根这种管丝捆在一起,反复多次加热加压拉丝后,经切磨成弧面而显现猫眼效应。为使光导纤维玻璃丝与无色玻璃套管良好融合,要求二者折射率和膨胀系数相同,套管的熔点要稍低于光导纤维玻璃。加热温度以能熔化无色套管玻璃为宜。

(2) 仿翡翠玻璃

即脱玻化玻璃。"马来西亚玉"(简称马来玉),是在玻璃熔融体内加绿色致色剂,在冷却过程中形成一些晶质化,出现一些似网状、似斑晶状的结构,很像绿色翡翠外貌。

(3) 仿欧泊玻璃

是将一些彩虹色金属箔片无规则地夹杂在硅酸盐玻璃层之间,产生类似"变彩效应"的效果。

(4) 仿珍珠玻璃

通常是由透明至不透明的白色铅硅酸盐玻璃作"珠核",外涂珍珠精液(鸟嘌呤)的闪光覆膜这样两部分来构成的,外表具奶油、玫瑰、葡萄酒色,类似海水养殖珍珠。这种"玻璃珍珠"以西班牙的马约里卡 S.A 公司生产的最有名,很受欧美人士喜欢。

(5) 仿青金石玻璃

是在玻璃料中参入铜粉或云母粉以及着色剂,经熔炼而成。其中铜粉用来仿黄铁矿,白云母粉仿青金石中的方解石。

(6) 仿星光宝石玻璃

是在压膜技术制成的红色或蓝色弧面形半透明玻璃底面上,刻出几组细线,或用刻有细线的金属箔片贴在玻璃底部,使其产生"星光效应",用来仿星光红宝石和星光蓝宝石,星线看上去就像天然星光宝石一样。

(7) 仿祖母绿玻璃

用祖母绿化学成分的原料加上致色元素铬,配制成 $Be_3Al_2Si_6O_{18}+Cr$,然后经熔融冷却,即可得到用来仿祖母绿的绿色玻璃。

(三) 特征

玻璃可用来仿多种宝石,但其本质是以 SiO_2 为主的硅酸盐非晶质体。其成份、结构和光学性质完全不同于所仿宝石,易于鉴别。仿宝玻璃具体特征如表 3-2 所示。

表 3-2　常见玻璃化物特性

类　型	化学成分(%)	折射率	密度(g/cm³)
熔炼玻璃	SiO_2:100	1.46	2.2
普通玻璃	SiO_2:73,B_2O_3:12,CaO:12	1.5	2.5
硬玻璃	SiO_2:72, B_2O_3:12,Na_2O:10, Al_2O_3:5	1.5	2.4
铅玻璃	SiO_2:54,PbO:37,K_2O:6	1.6	3.2
重铅玻璃	SiO_2:34,PbO:34,K_2O:3	1.7	4.5
超重铅玻璃	SiO_2:18,PbO:82	1.96	6.3

(1)结晶状态:非晶质体,可晶质化。

(2)颜色与光泽:颜色多种多样,玻璃光泽。

(3)硬度与密度:硬度介于 5~6,通常为 5.5;密度为 2.30~4.50g/cm³,通常小于 2.65g/cm³。

(4)光性特征:均质体,通常在正交偏光系统下有异常消光。刻面熔炼水晶可见黑十字干涉图。玻璃球可出现彩色的双弧形与黑十字交替的干涉色;无多色性;折射率 1.470~1.700(含稀土元素玻璃 1.80±);无双折射率。脱玻化玻璃,在正交偏光镜下可呈现全亮现象。

(5)紫外荧光:弱至强,因颜色而异,一般短波强于长波。常见的荧光为白垩色。

(6)吸收光谱:不特征,因致色元素而异。

(7)外观特征:浑圆状刻面棱线,表面有洞穴,底面有冷凝收缩坑;眼线过于平直、尖锐和刺眼,且通常呈 1~3 条眼线。

(8)放大检查:气泡,各种固体包裹体,拉长的空心管、流动线、"橘皮"效应,涡纹状或流纹状结构。

(9)特殊光学效应:砂金效应、猫眼效应、变色效应、光彩效应、晕彩效应、星光效应等。

(10)优化处理:覆膜处理,整个或部分覆膜,以仿天然宝石或增强色彩、光泽,常可见部分薄膜脱落,锐器可刮动薄膜。

五、塑料

塑料属质地软、不耐热的人造有机物质(表 3-3)。常用加热和铸模的方法生产,来仿琥珀、煤精、象牙、珊瑚、珍珠、贝壳、龟甲等有机宝石,亦可用来仿欧泊、绿松石、翡翠、软玉等无机宝石。其中最主要的是仿琥珀。

(一)制造工艺

仿宝石的塑料制品多采用注塑成型方式,也有采用贴膜、镜背和表面涂层技术。

1. 塑料琥珀

将适量有机玻璃片(甲醛丙烯酸甲酯)砸成小粒或粉末装在带盖玻璃容器中,加入氯仿(三氯甲烷),盖紧容器盖,溶化成透明液体,再将有机液体注入模具内,模具内可事先放入各种各样的字画、人像、花鸟鱼虫或旅游纪念品。最后将模具放在清洁、无尘、安静的地方,待其干硬成型,以获得满意的产品。若在有机液中加入颜料,还可使仿制品着色。(图 3-1)。

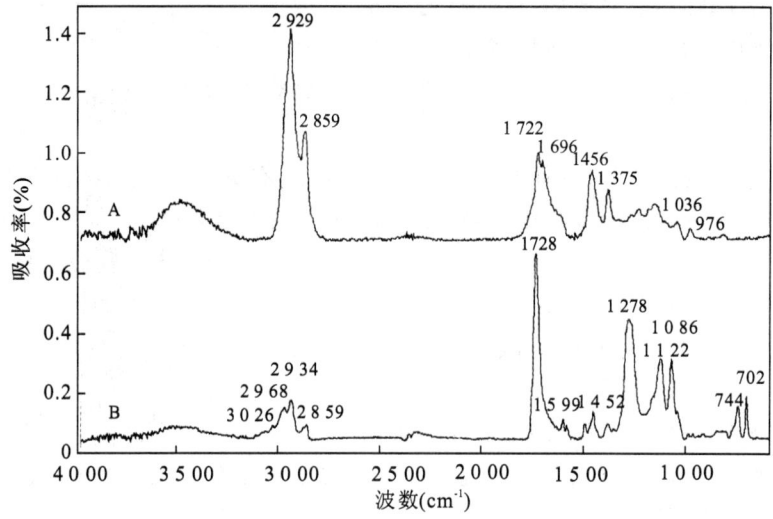

图 3-1 琥珀(A)和人造树脂(B)的红外吸收光谱(经 K-K 变换)

2. 塑料欧泊

塑料仿欧泊产品,是日本科学家 20 世纪 80 年代用 150～300nm 的聚苯乙烯球粒,在实验室缓慢沉积,紧密堆积成三维衍射光栅制成的。塑料欧泊具二层结构:内部是聚苯乙烯,外面包一层丙烯酸树脂。

通过将聚苯乙烯制成紧密堆积小球体,在球体之间加入另一种折射率略有差异的塑料,进行固结,可以使其显示出与欧泊一样的变彩效应。

3. 塑料珍珠

仿珍珠塑料有两种,一种是将珍珠精或鱼鳞精掺入塑性的硝酸纤维漆料中制成液体涂料,涂在半透明的塑料珠上,涂层干了之后,再涂数层,直至获得珍珠光泽;另一种是将云母片、碳酸铜晶体等物质加入涂料中,然后涂在塑料珠上,有时在涂层上再涂上鸟嘌呤涂层而制成的。

4. 塑料金星石

是在无色透明的塑料中加入金属铜制作而成的。

5. 塑料龟甲

塑料仿龟甲,主要用作眼镜框、梳子和鞋拔等的材料。它是在塑料液中加入黑色素制成的。

(二)特征

(1)化学成分:主要组成元素为 C、H、O。

(2)结晶状态:不定形非晶体质。

(3)颜色与光泽:可有各种颜色,常见的有红色、橙黄、黄色等;

(4)透明度:透明至不透明。

(5)硬度与密度:硬度1~3,密度一般为1.05~1.55g/cm³。

(6)光学特征:均质体,无多色性,折射率一般在1.460~1.700之间,色散强(0.190)。在正交偏光镜下常见蛇皮状条带的异常双折射效应及应力产生的干涉色。

(7)放大检查:常具流线和气泡,气泡常呈球状、卵状、细长状、管状等。表面常呈不平坦状或有小坑。贝壳状断口。

(8)特殊检查:热针测试可有樟脑味、碳酸味、醋酸味、甲醛味、鱼腥味、酸奶味或香甜水果味等;经磨擦会带静电;手摸有明显温热感。

六、仿宝陶瓷

陶瓷可用来仿很多种类的宝石,如仿欧泊、仿青金石、仿珊瑚、仿绿松石、仿孔雀石等。

陶由陶土(粘土矿物)烧结而成;瓷由瓷土(长石、石英、云母、珍珠陶土)烧结而成。均为不透明至微透明。

我国制造陶瓷的工艺,已有数千年历史。陶瓷可分为陶与瓷,按年代则先陶而后瓷,均以制器皿为主。陶器的出现,标志着新石器时代的开始,也是华夏文明的重要里程碑,新石器文化遗存非常丰富。我国陶器制造业在业界范围内最发达,发生时间最早,进程也较快。遗存最丰富的是黄河流域中原地区,裴里岗文化期的陶器主要是红陶,灰陶较少,烧结温度900~960℃;仰韶文化时期出现彩绘花纹陶器,火候较高,质好而精美;龙山文化期出现轮制磨光黑陶和薄胎的"蛋壳黑陶",伴之有陶雕、木雕、骨雕、象牙雕和玉雕。瓷器的出现是在青铜时代,原始瓷器和硬陶最早出现于商代中期,胎呈灰白色或黄白色,釉色有青绿、黄绿和褐色三种,如西周时期在洛阳庞家沟出土的青瓷器。原始瓷器是制陶业发展的一个转折点。

(一)制造工艺

将硅酸盐矿物原料研成粉末或在其中加入胶黏剂、颜料,经加热或焙烧或热压成型。有时,在其表面施釉,以增强光亮美观。

(1)仿欧泊陶瓷是日本人在20世纪80年代生产的一种化学黏接陶瓷,具变彩效应而且长期不衰变。

(2)仿青金石陶瓷:是采用多晶尖晶石材料烧制而成,内具星星点点的像黄铁矿的黄色不透明包裹体(含钴),与青金石外观十分相似。折射率1.728,密度3.64g/cm³。黄色星点很软,针可扎破。

(3)仿珊瑚陶瓷:在碳酸钙($CaCO_3$)粉末中加入添加剂烧结而成,可有白色、红色、黄色、黑色多样色种。结构细腻,颗粒分布均匀,无天然珊瑚的似管道状特征构造。

(4)仿绿松石陶瓷:是由铝土矿(三水铝石)材料加绿色着色剂烧结而成。颜色呆板,结构比天然绿松石致密,折射率和密度通常比天然绿松石的大。

(二)陶瓷特征

(1)成分:各种矿物盐及添加物。

(2)颜色:常见有白色、绿色、蓝色。

(3)硬度与密度:硬度通常比所仿宝石高,密度亦较高。

(4)光学性质:光泽暗淡,光性不定,折射率变化范围大,仿青金石陶瓷折射率达1.728。

(5)放大检查:可见均匀的粉末颗粒分布,不具所仿宝石的特有结构。

七、人造夜明珠

自然界会发光的矿物有十几种,常见的有金刚石、萤石、磷灰石、白钨矿、方解石、铜铀云母等。若将粗大颗粒的发光宝石磨制成"球体",习惯称之"夜明珠",但存世极其稀少。

近半个世纪以来有人用夜光粉同矿粉或塑料等混在一起制成球状体,或将夜光粉涂于球状体表面而仿天然宝石"夜明珠"。

1996年至2003年间,北京华隆亚阳公司研制出"庆隆夜光合成发光宝石",它不仅初始磷光余辉强度高,发光稳定和发光时间长,而且其放射性远远低于放射性安全剂量标准,对人体几乎无害。它比以前使用硫化锌作基质的发光体提高了近30倍,还可根据不同成分发出不同颜色的光,能加工成各种饰物。

(一)制造工艺

庆隆夜光宝石的生产工艺,包括原料的制备和夜光宝石的合成两个程序。

1.原料配制:包括原料激活剂与附加激活剂

(1)原料配备:分别称取 $SrCO_3$:71.69g、Al_2O_3:50.5g、H_3BO_3:0.3g;称取激活剂和附加激活剂 Eu_2O_3:0.88g、Nd_2O_3:0.84g 和 Dy_2O_3:0.93g。将这些原料和激活剂粉碎,混合均匀装入坩埚。

(2)原料烧结:将盛原料的坩埚放入电炉中,在还原条件下加热至800~1400℃,恒温3h;之后降温至1300℃,恒温2h;然后自然冷却至200℃,从电炉中取出,即得发光材料。

2.夜光石合成

(1)将制备好的发光材料(细粉或块体)置于坩埚中。

(2)将坩埚埋入压力电炉中的碳粉(作还原气氛)内加热。炉温经5~8h缓慢升至 1 550～1 700℃,同时加两个大气压以上,恒温恒压 2～3h 后,自然冷却至 200℃。

(3)将烧结体从压力电炉中取出,冷却至室温。

(4)将烧结体打磨(或雕琢)抛光制成发光宝石。

(二)特征和用途

庆隆夜光宝石产品有夜光粉和夜光宝石两种。

1. 夜光粉的用途

(1)夜光粉加入涂料、油墨等材料中,制成发光涂料、发光油墨,可用于装饰家居、纺织品、纸张印刷、字画作品或舞台设计等领域,发挥其美化作用,并为这些物品增添神秘色彩。

(2)夜光粉用于道路交通指示灯、日常用品以及应急器具,可以醒目标识其位置,并防止危险发生。

2. 夜光宝石特征

(1)色光:绿色、青色、白色、红色、紫色。体色艳丽多样。

(2)瑕疵:气泡、颗粒。

(3)硬度:原料粒度越小,宝石硬度越大,耐久性越好;当温度超过 1 700℃时,宝石变脆。摩氏硬度可达 6.5。

(4)密度:$3.54g/cm^3$,原料粒度越小,宝石密度越高。

(5)光学性质:化学结构稳定,耐酸耐碱性强,折射率为 1.65,可根据成分不同发出不同颜色的光。

第四章 拼合宝石

拼合宝石,简称拼合石。它与合成宝石及人造宝石的生产工艺完全不同。它是由各种固体材料以胶黏剂粘结或熔接而成的组合体,且具有所仿天然珠宝玉石的外观。

拼合宝石问世久远。早在罗马帝国时期,首饰工匠就能用威尼斯松油将三种不同颜色的宝石粘结在一起制成较大体积的宝石,还会将玻璃熔化后覆盖在石榴石上,经切磨、抛光和镶嵌工艺加工成拼合宝石首饰。

拼合宝石饰品由于物美价廉一直盛行至今,在人工合成宝石大量上市之前最为盛行。拼合宝石之所以流行至今,是由于它既能用来模仿高档宝石,使难以加工利用的小块宝石材料经拼合而被利用并将其潜在美更好地显现出来,又可使宝石表面更耐磨损和增强光泽,还可为易损的薄片状宝石依托坚硬底衬而加固。

第一节 生产工艺

拼合宝石的制作要点,是几种材料拼合后应具有整体的外观。一般来说,加工成刻面型的拼合石,其接合面多设在腰棱处,通过亭部反光来映衬整体;若加工圆钻型和祖母绿型的拼合宝石,应在亭部增加刻面数目。如磨制圆钻型拼合石,可在其亭部打磨两层各 16 个主刻面;如磨制祖母绿型拼合石,在亭部应多打磨几层。这样就可使拼合石的颜色和其他光学性质的光学效果都能反映出来。

一、工艺类型

根据拼合宝石所用材料、结构构造、工艺美术特征,国际上分为二层石、三层石和衬底石三大类型。

(一) 二层石

二层石是指由两块材料(天然珠宝玉石、合成宝石或人造宝石)通过粘结或熔接在一起给人以整体印象的珠宝玉石(图 4-1)。根据所用材料的异同,可分为同质二层石、类质二层石和异质二层石。

1. 同质二层石

同质二层石,是由两块相同材料组成。其中质量好的一块做冠部,另一块质量差的做亭部,给人以大而美的整体视觉。如两块红宝石,或两块欧泊组成的二层石。同质二层石亦称真二层石[图4-1(a)]。

2. 类质二层石

类质二层石,是由一块天然珠宝玉石和一块相应的合成宝石、改善宝石所组成。天然品做冠部,人工品做亭部,给人以天然宝石的感觉。如欧泊和合成欧泊二层石,翡翠和染色翡翠组合的二层石等。类质二层石,亦称半真二层石[图4-1(b)]。

3. 异质二层石

异质二层石,是由两块不同材料组成的二层石。如无色合成立方氧化锆和玻璃组合的二层石仿钻石,无色石榴石和无色玻璃组合的二层石仿钻石,这类二层石亦称假二层石[图4-1(c)]。

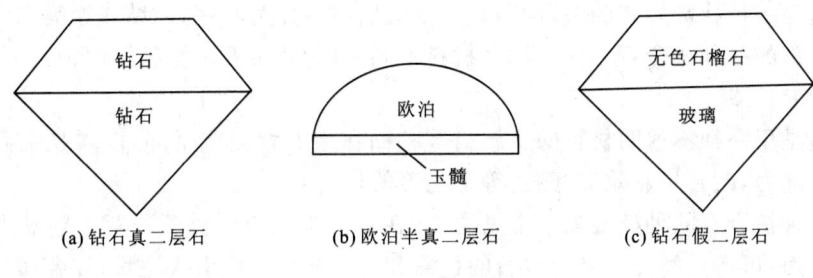

图4-1 二层石类型

(二) 三层石

三层石顾名思义是指三种宝石材料或由一种彩色物质与另外两个宝石材料粘结或熔接在一起而构成一个整体的拼合石(图4-2)。

根据组成三层石材料的异同,可分为同质三层石、类质三层石和异质三层石三种。

1. 同质三层石

同质三层石,是由三块与所仿宝石同种的材料粘结成整体的三层石。如由三块翡翠组成的三层石等[图4-2(a)]。

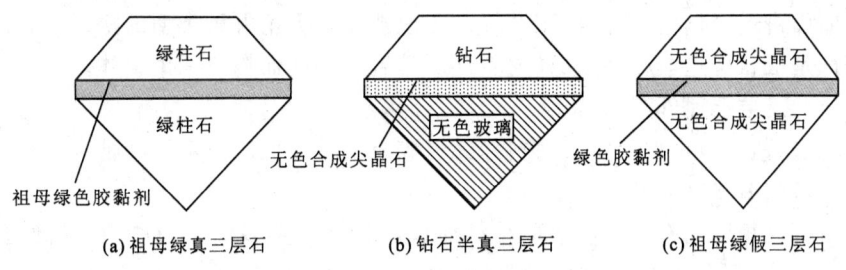

图4-2 三层石类型

2.类质三层石

类质三层石,是由一块天然宝石和两块相应的合成宝石或改善宝石组合而成三层石,亦可由一块天然宝石、一块相应的合成宝石和有色胶黏剂粘结而成的三层石,来仿天然宝石[图4-2(b)]。

3.异质三层石

顾名思义,异质三层石是由三种不同材料组合或两种相同材料和一块不同材料组成的三层石。如一层是合成红宝石、二层是红尖晶石、三层是红玻璃组成的三层石,仿红宝石;或由天然红宝石、合成红宝石与红玻璃组合的三层石,仿红宝石[图4-2(c)]。

(三)衬底石

这是一种特殊形式的拼合石,是用不透明材料作为衬底,粘结或涂膜在宝石背面或亭部的一种拼合石。根据衬底材料不同,分为背箔石和涂膜石两种。

1.背箔石

这是用一种不透明材料的金属箔等粘贴在宝石背面或亭部,以增强宝石对光的反射能力,改善星彩效应、颜色等工艺美的拼合石。

这种拼合石的种类很多。常见的有:在具星光效应的芙蓉石背面粘贴上蓝色反射镜面,可产生类似星光蓝宝石的色彩和特殊光学效应引人注目;在金属箔片上刻出"星线",粘贴在弧面型透明宝石背面或透明玻璃或其他透明材料上,用来仿星光宝石;有的将金属箔片粘贴在两层宝石中间,以便产生特殊光学效应。

2.涂膜石

这是在宝石背面涂上一层有色物质,以增强宝石的色彩或掩盖一些宝石的缺陷,这种拼合石亦叫涂层石。

例如为提高蓝色钻石的蓝色,在钻石底部反光部位涂上一种透明而又耐磨的有色氟化物膜;在非宝石级的绿柱石底部涂上一层绿色薄膜,用来仿祖母绿。

二、制作工艺

前面讲过,拼合宝石生产工艺属人工改造型。无论哪种类型的拼合石,其基本特征都是层状构造,就是将几种材料逐层粘合在一起而构成一个整体。

(一)二层石制作

二层石,一般由两块宝石材料经无色胶黏剂粘结而成。常见品种有:

1.石榴石玻璃二层石

由颜色相同的石榴石和玻璃粘结而成。为获取更多效益,石榴石仅做冠部顶盖的一部分,而余下大部分为廉价的玻璃。用石榴石的目的是为了加强拼合石的硬度和耐久性。这种二层石经常用来仿石榴石蓝宝石、仿红宝石、仿祖母绿、仿紫晶等有色宝石，无色者可仿钻石。

一般的制作方法是，在厚约 2.5 cm 的钢板上打几个 1.3 cm 左右的孔，在孔中填入玻璃粉料，再将石榴石的光薄片盖在装玻璃粉料的孔上。然后，将铺样的钢板置于加热器中加热，使玻璃粉料熔化，而后降温。取出熔接于一起的粘有玻璃的石榴石。经加工抛光而成石榴石玻璃二层石[图 4-1(c)]。

2. 刚玉二层石

(1) 蓝宝石二层石和红宝石二层石

所用材料，主要是天然蓝宝石和合成蓝宝石，或天然红宝石和合成红宝石。以天然材料扁平的或楔形的薄片做冠部，或冠部一部分，甚至仅为台面。合成材料做亭部，以胶黏接。接缝在腰部或台面以下。

这种二层石的琢型，以混合型切工为主，冠部采用明亮式切工，亭部采用阶梯式切工。用来仿天然蓝宝石或红宝石。

(2) 仿星光蓝宝石和仿星光红宝石的二层石

这种二层石，历史上有两种制作方法。

① 以天然星光芙蓉石做弧面型切工的顶盖，底部为镜面反光的金属薄膜或刻有星线的金属底衬，或蓝色(或红色)玻璃，经粘贴而为一体。

② 以合成星光蓝宝石或合成星光红宝石为弧面型切工顶盖，底部用蓝色或红色玻璃，二者胶结成一体。

3. 翡翠二层石

翡翠二层石，主要由优质天然绿色翡翠做弧面型切工的顶盖，底部为劣质翡翠或玻璃等仿翡翠材料制成，黏接缝在弧面下部，并用贵金属托架镶嵌而隐藏起来。

4. 钻石二层石与仿钻石二层石

(1) 钻石二层石：两块质量较小的天然钻石分别做冠部和亭部，在腰部用无色胶黏接而成一颗质量较大的钻石[图 4-1(a)]。

(2) 仿钻石二层石：冠部用天然钻石，亭部用无色水晶、无色合成蓝宝石、无色合成尖晶石或无色玻璃，中间用无色胶黏接而成；或者冠部为合成立方氧化锆、无色合成蓝宝石或无色合成尖晶石，亭部为人造钛酸锶，用无色胶在腰部黏接在一起。

(二) 三层石制作

三层石制作工艺，通常是用两块宝石和一种有色胶黏剂组成，或三块宝石材料由无色胶黏剂粘接而成。常见三层石品种有：

1. 仿祖母绿三层石

仿祖母绿拼合石制作有四种方式：

(1) 由两块天然绿柱石分别做冠部和亭部，用绿色胶黏接成一体，构成三层石

[图 4-2(a)]。

(2)由两块无色水晶做冠部和亭部,中间用绿色胶黏接。

(3)用无色水晶做冠部和亭部,中间加一层绿色铅玻璃,然后用无色胶黏接成一体。

(4)用两块无色合成尖晶石做冠部和亭部,中间用绿色胶黏接;亦可用绿色玻璃代替绿色胶,三者之间用无色胶黏接。

2. 欧泊三层石

欧泊三层石,是由一层无色透明玻璃,或无色的水晶、合成尖晶石、合成蓝宝石等做亭部,欧泊薄片在中间,底部为黑玛瑙或黑色玻璃,然后用无色胶黏接在一起。因为水晶、尖晶石或蓝宝石等硬度大,可以增强拼合石的耐久性[图 4-3(a)]。

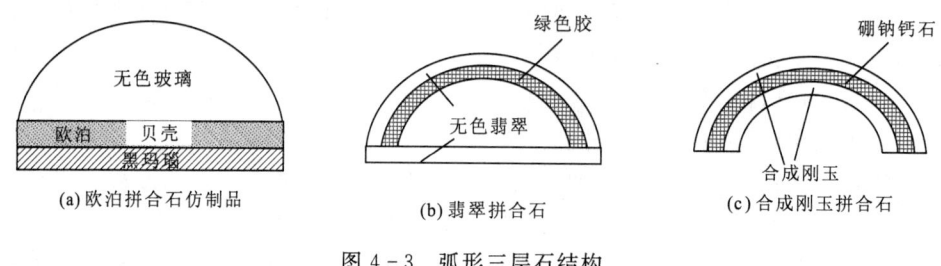

图 4-3 弧形三层石结构

3. 翡翠三层石

这种拼合石是由三块半透明的无色翡翠组成。先将椭圆形翡翠插入中空的圆盖形翡翠内,二者之间填充绿色胶状物,然后用胶将第三块平底的翡翠与其相黏接。这样,绿色胶状物透过圆盖反射映像,使拼合石表面呈现出优质翠绿色[图 4-3(b)]。

4. 仿红(蓝)宝石三层石

用合成红(蓝)宝石制成上下两个大小配套的中空椭圆状弧面型壳层,其间加入纤维状硼钠钙石,黏合而成[图 4-1(c)]。

第二节 拼合宝石特征

一、层状构造

所有形式的拼合石,无论是二层石、三层石抑或衬底石,都是由两种或两种以上相同或不同的材料呈层状黏合成具整体外观,并加以金属(贵金属或普通金属)托架镶嵌遮盖其层间黏合缝。

(一)构造层的形态

1. 平面形

大凡刻面型拼合石的构造层为平直的面板状,构成拼合石的层与层之间呈水平整合结构。

2. 弧面形

无论是圆形、椭圆形、或中空椭圆形的弧面型拼合石,其各个构造层均呈弯曲的弧形薄层,层与层呈弧形平行接触。这种弧面型拼合石的截面形状,有单凸型、双凸型、凹凸型和凹型几种形式。

(二)构造层的层次

1. 双层构造

(1)无色胶结双层构造:拼合石由两层材料黏接而成,顶层多为透明或半透明的耐久性好的天然宝石或人工宝石,底层则为质次价廉的材料,顶底层之间以无色胶黏剂黏接。这种拼合石,实际有三种材料组成。

(2)有色胶结双层构造:是在透明或半透明宝石的底部或亭部涂以色料或覆以彩膜,由两种材料构成。

2. 多层构造

多层构造,是指由三块宝石材料或三种以上不同材料拼合而成的拼合石的构造。细分之可有:

(1)无色胶结三层构造:三块同品种或不同品种的宝石材料,经无色胶粘接一体的拼合石。这种构造实际是由五层材料构成。

(2)有色胶结三层构造:两块同品种或不同品种的宝石材料,层间以有色胶黏剂粘接成一体的拼合石,这种拼合石的构造层只有三层。

二、材料不同及其鉴定特征

无论是二层石、三层石抑或衬底石,均由不同材料组合而成。由于组合材料不同,构造层彼此的化学成分、内部结构及物理性质多不相同。就本节所列拼合石而言,以其构造层的差异而具不同的鉴别特征。

(一)二层石类型

1. 石榴石玻璃二层石

(1)红环效应:将其台面置于白纸上,在光照下纸上便显现出石榴石的红色圆环现象。

(2)用反射光观察拼合石冠部刻面或腰围处,可见粘接线及其两侧有不同的光泽和颜色。

(3)红旗效应:用折射仪观测时,粘接缝两侧的折射率不同。若将目镜去掉,还可见到刻度尺上的宝石底部映像显现红色反光现象。

(4)荧光性不同:石榴石无荧光,玻璃则可能有任意颜色的荧光。

(5)内含物差异:石榴石内可有针状金红石包体或其他晶体包体,而玻璃则内含气泡。

2. 刚玉二层石

(1)如果由天然红(蓝)宝石与合成红(蓝)宝石组成,除了观察粘接线(面)存在与否,还要观察黏接线两侧的红(蓝)宝石的内含物、颜色和荧光性的差异。

①内含物:天然刚玉宝石的内含物为矿物,生长纹平直;而合成刚玉宝石的内含物为"未熔粉末"和气泡,生长纹可为弧形。

②荧光性:天然红宝石荧光强度低于合成红宝石;天然蓝宝石无荧光,而合成蓝宝石可有弱的蓝白色荧光。

③颜色:天然红(蓝)宝石颜色浓淡不匀较自然,合成红(蓝)宝石颜色显得过于色纯艳丽,刺眼而有假感。

(2)如果由合成红(蓝)宝石与红(蓝)玻璃组成的二层石,通常是合成红(蓝)宝石在上部(冠部或顶盖),玻璃在下部(亭、底)。其鉴定特征明显:

①光性:合成红(蓝)宝石为非均质,玻璃为均质体。在正交偏光镜下转动360°,合成红(蓝)宝石呈现四明四暗,而玻璃则呈现全暗或异常消失。

②内含物:合成红(蓝)宝石内含"未熔粉末"和弧形生长纹,而玻璃则含大量气泡和涡纹构造。

③折射率:合成红(蓝)宝石折射率为 1.76~1.77,而玻璃折射率低,一般为 1.46~1.70。

(二)三层石类型

1. 仿祖母绿三层石特征

(1)若由绿柱石、水晶或尖晶石等作顶层与底底,间以绿色胶黏接时,可将拼合石置于水中,沿着平行于腰面方向观察,可发现三层石的冠部与亭部基本无色,而二者之间有一平薄的颜色层。

(2)若以水晶或尖晶石作顶层与底层,间以绿色玻璃时,可在宝石显微镜中观测到平行腰围平面处有一色层,并内含圆形气泡,涡纹构造和不规则的交错色带。

2. 欧泊三层石特征

它是由三种(层)不同材料粘接而成的拼合石。对其鉴定可从下列 4 个方面入手。

(1)从侧面观察,可见无色透明材料的顶盖,中间是变彩层,下层则为黑色不透明层。

(2)层与层之间的两层胶结层中含有气泡或干裂纹。

(3)强光照射下,放大检查,可见两个黏接缝。

3.翡翠三层石特征

它是上下两层无色半透明翡翠,中间以绿色胶黏接而成。垂直台面或弧面观察拼合石为绿色,而平行腰围观察,可见上下两侧无色,而绿色居中。

三、黏接层特征

各种类型的拼合石,均为胶黏剂将各种固体材料黏结起来成一整体。这样在固体层之间就形成了极薄的液体黏结层。黏结层具有下列特点:

(1)胶黏剂颜色不定,或无色,或有各种颜色。无色者不作构造层,有色者则为拼合石的构造层。

(2)黏结层中,常含气泡。气泡呈球形或细管状。

(3)黏结层中胶黏剂固结后,其体积收缩而出现干裂,形成收缩裂纹。

(4)遇火灰化。黏接层中的胶黏剂,遇火易老化、灰化,呈黑色。

上述种种拼合石,在鉴定时应集中检查其接缝、粘结痕迹、气泡以及各种材料的折射率、颜色、光泽、透明度和包裹体特征。多方位观察,细心测试。

第五章 再造宝石

在制造工艺上,再造宝石(亦称再生宝石)属于改造型宝石。即原有的宝石碎屑(或碎块)及失去装饰功能的宝石饰品(或残体),经过粉碎、提纯、加热、加压,使之重新成为整体外观的宝石材料,再经过切磨、抛光,加工而成各种饰品。常见的品种有再造绿松石、再造琥珀、再造青金石,过去有再造红宝石(称日内瓦红宝石),近期有再造田黄、再造软玉、再造翡翠,甚至出现再造人工宝石等等。

第一节 再造工艺

一、熔接工艺

熔接工艺,最早是 E. D. Clarke 博士于 1819 年用新发明的氢氧火焰吹管将两粒红宝石放在木炭上熔融结合成一个球状红宝石。后来,弗福来、费尔和乌泽合作,将天然红宝石碎屑用氢氧火焰熔化,并加入少量铬酸钾试剂以加深其红颜色,制成了一种再生的红宝石。

这种熔接工艺,后来发展成为"焰熔法"。但焰熔法生长晶体的方法已远远超出了熔接工艺范畴。二者的区分,主要在于生长的晶体原料是否为晶体本身。也就是说,生长晶体的原料如果是晶体本身的细料则属熔接法再生宝石,若是其他化工原料经熔融而成时,则为焰熔法合成宝石。

二、压结工艺

压结工艺,类似于窑场制作砖坯或瓦坯。将物料放在容器中加压使其彼此挤压结合成一整体外观,不改变物料的物理、化学性状。在压结过程中,可以加入少量的粘结剂和着色剂。为使其压接牢固,常施加一定的温度,但温度不超过物料熔点。

三、模压工艺

模压工艺,与压结工艺类似,先将宝石残碎材料,粉碎提纯后,装入设计好的模具内,在一定的温度条件下加压,直接使物料压结呈珠宝首饰。如再造软玉、再造田黄等饰品。

第二节 再造宝石特征

一、再造琥珀

琥珀是一种独特的天然珍宝。它既是天然有机宝石,还是一味重要中药材。琥珀古称虎魄,如《本草纲目》云:"虎死,精魄入地化为石,故名。"中国早在秦汉时期已经用琥珀雕琢成各种工艺品,作为吉祥如意的象征,传说孩子佩戴能辟邪消灾,新娘戴之既漂亮又能永葆青春。琥珀的神奇疗效,早在公元前的《山海经》中就有详述。在《本草纲目》中还记载着这样一则故事:"唐代有一产妇,产后暴死。埋葬时,正好大医学家孙思邈路过,见棺缝中渗出几滴鲜血,断定死者有望生还,就叫遗夫开棺,先熏死者鼻孔,后用药急救。顷刻死者苏醒,三日后病愈如初。有人问之何物,答曰琥珀。"在盛产琥珀的波罗的海沿岸国家更是对其珍爱有加。如十八世纪初德国普鲁士霍索伦王朝开国皇帝腓特烈·威廉一世,聘用丹麦珠宝名匠花费十年时间,加工100多块琥珀,雕刻了150多个琥珀雕像,制成了一座"琥珀宫"。琥珀除了加工成弧面型宝石被用作戒指、吊坠等首饰外,更大量的是加工成各种形状的饰物,供人们装饰和鉴赏。

由于琥珀含有琥珀酸和琥珀树脂等有机物,易氧化变红、老化干裂、疏松易碎,以及内含杂质较多,需要进行人工改善再造,以重新提高其质量和利用价值。

(一)制作工艺

1. 熔接法

(1)将琥珀碎屑,粉碎成细小粉粒,用重选法除去杂质,纯化粉料。

(2)将纯净的粉料装入容器,在惰性气体下用远红外加热至200~250℃,使粉料熔融成液体。

(3)粉料熔融后,控制恒温时间,尔后停止加热,缓慢降温,待冷凝成块,取出,即得再造琥珀。亦可将熔融体浇铸到定型模具内,冷凝成为所需形状的饰品。

(4)在熔接过程中,可以掺进动物、植物或其他各种文样图像,使之更具观赏性。

2. 压结法

(1)将纯净的琥珀粉料,装入容器(或模具)。

(2)加压至2.5MPa左右,并施以低于琥珀熔点的温度,使其成块(或成型)。

(3)在压结过程中,亦可加入黏结剂、着色剂,或香料。

(4)压结琥珀在压结过程中,需要有较低的温度和较长的压结时间,以期得到均匀、透明、没有流动构造的琥珀饰品。

(二)工艺特征

再造琥珀在再造过程中如果没有添加其他化学物质,再生后的琥珀与原生琥珀是基本相同的,因为无论是化学成分或内部结构并没有改变。如果有异物加注或再造工艺中有生产工艺的某些缺陷,再造琥珀与天然琥珀可能有所不同(表5-1)。

1.熔接琥珀

采用熔接法生产的再造琥珀,由于琥珀粉料在较高温度下熔融,成为粘稠液体,在人工搅拌过程中会产生旋涡式流动和出现大量气泡。这种现象,便在冷凝过程中被残留下来,成为熔接琥珀的鉴别特征。

如果在熔接过程中,加入某些添加剂、黏结剂、着色剂和昆虫、植物碎片或砂子,将会使再造琥珀成分复杂化和内含物多样化。因此,熔接琥珀与原生琥珀的不同点在于:

(1)颜色:金黄色、黄橙色,及多种颜色。

(2)荧光性:具鲜明的白垩蓝色荧光。

(3)内含物:放大检查时,熔接琥珀常有明显的流动构造,清澈的夹层相间,含有未熔物的模糊轮廓和椭圆形、圆形或拉长状大小不一的气泡,不规则的分布于整个琥珀中,密集而细小。气泡又可在热处理过程中发生爆炸,使琥珀内部形成睡莲状包体。

(4)透明度:新鲜的再造琥珀,都是透明的。

(5)仿虫珀:再造琥珀在熔融状态下,人们常加入一些昆虫等,以仿虫珀。但其中的昆虫均无"垂死挣扎"现象。

2.压结琥珀

采用压结法生产的再造琥珀,由于琥珀粉料是在较高压力和较低温度(低于琥珀熔点)下压结成型的,粉料只发生塑性变形,彼此紧密聚集,或因加入粘结剂使彼此粘接在一起。因此,压结琥珀有特殊的变形粒状结构。压结琥珀的鉴定特征如下:

(1)颜色:多呈橙黄色、橙红色。

(2)密度:$1.03\sim1.05g/cm^3$,低于天然琥珀。

(3)断口:贝壳状断口。

(4)结构:粒状结构,表面呈凹凸不平的橘皮效应。

(5)光性:在正交偏光镜下,常出现异常双折射率。

(6)荧光性:常有不均匀的蓝白色荧光,在紫外线照射下可见粒状结构。特别观察有暗红色血丝状分布的样品时,可以看到丝状体沿着颗粒的界线分布。

(7)内含物:含有气泡,模糊轮廓的未熔粉粒。暗红色丝状体是压结琥珀的特征,其形态类似于毛细血管,呈丝状、云雾状、格子状。这种红色是琥珀表面因氧化作用而形成的一层薄薄的红色氧化膜。虽然天然琥珀亦可有裂隙被氧化而呈红色,但呈树枝状沿裂隙分布,而不是沿颗粒的边缘分布。

(8)老化特征:发白,不像天然琥珀那样因氧化而发暗呈微红或微褐色。

表 5-1 再造琥珀与天然琥珀特征对比

特 征	天然琥珀	再造琥珀
颜 色	黄橙、棕红色均有	多呈橙黄或橙红色
断 口	贝壳状、有垂直于贝壳纹的沟纹	贝壳状
结 构	表面光滑	粒状结构、表面呈凹凸不平的橘皮效应
密度(g/cm³)	1.05～1.09	1.03～1.05
包 体	动植物残骸、矿物杂质、圆形气泡	洁净透明、可有聚集态的未溶物、气泡呈扁平拉长状定向排列
构 造	具有如树木的年轮或放射状纹理	早期具流动结构、新式具糖浆状搅动结构
紫外荧光	浅蓝白、浅蓝或淡黄色荧光	明亮的白垩状蓝色荧光
可溶性	放在乙醚中无反应	放在乙醚中几分钟后变软
老化特征	因老化而发暗、呈微红或微褐色	因老化而发白

二、再造绿松石

色泽淡雅、绚丽夺目的绿松石是深受古今中外人士喜爱的传统宝石。因它形似松球,色近松绿,又称"松石"。我国在清代以前,称之为"甸子"。

绿松石品种众多。按颜色可分为天蓝色、深蓝色、浅蓝色、蓝绿色、绿色、黄绿色、浅绿色及无色等品种;按产出状态又可分为晶体绿松石、致密块状绿松石、块状绿松石、浸染状绿松石和脉状绿松石等。如当其内含有细脉状黑色铁质或碳质时,又称铁线绿松石。我国湖北、河南、陕西三省接壤一带,盛产绿松石(古称襄阳甸子)。古代波斯出产的绿松石,西方称之为"土耳其玉"。湖北艺人创作的"李时珍武昌采药"绿松石雕刻工艺品,现陈列在北京人民大会堂湖北厅,可见中国人对绿松石的喜好。

(一)再造工艺

市面上有两种工艺的再造绿松石。

1. 压结法

由吉尔森生产的再造绿松石,于 1972 年面世。它是将一些天然绿松石边角细料或质量差的绿松石破碎后,混入铜盐或蓝色金属盐,在一定的温度下加压成型。市面上可见两种压结法生产的再造绿松石,一种是较为纯净的绿松石细料压制而成,另一种是绿松石细料中加入基质含绿松石的围岩等压结而成。

2. 熔接法

熔接法生产再造绿松石,是采用烧制陶瓷工艺。将绿松石细料经烧结而成。这种再造绿松石与天然绿松石十分相似。

(二) 工艺特征

1. 结构

外观十分像蓝色陶瓷,具有典型的粒状结构。在放大镜下可见清晰的颗粒界限及基体中深蓝色染料颗粒。

2. 密度

再造绿松石的密度不固定,其密度大小取决于所含黏结剂的含量。据美国宝石研究所报导,其密度有 $2.75g/cm^3$、$2.58g/cm^3$、$2.06g/cm^3$ 等三种。

3. 红外光谱

具有典型 $1\,725cm^{-1}$ 吸收峰。$1\,470cm^{-1}$、$1\,739cm^{-1}$、$2\,863cm^{-1}$、$2\,934cm^{-1}$ 这些峰可能是由人造树脂类物质作黏结剂引起的。(见图 5-1)

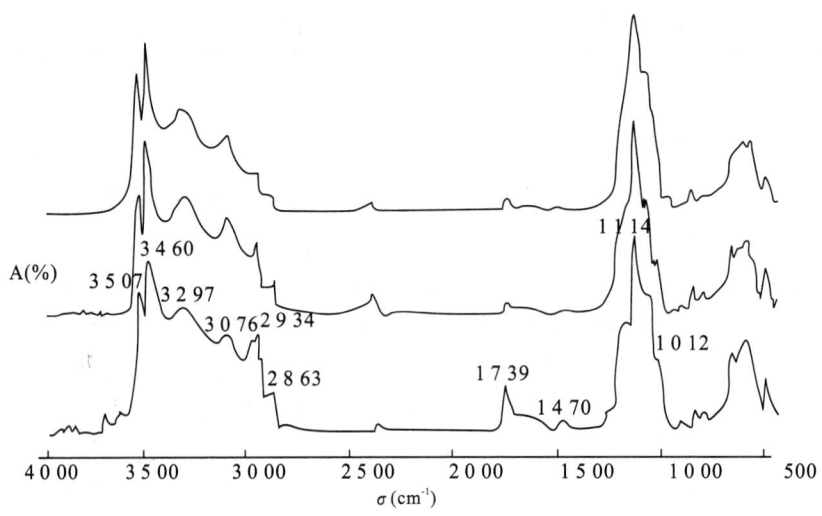

图 5-1 再造绿松石的红外光谱

4. 微化试验

部分再造绿松石因含有蓝色铜盐,可溶于盐酸,蓝色很快变成淡绿蓝色,棉球沾取盐酸擦拭之可染白棉球呈蓝色。

在2002年,市场上出现一种仿绿松石制品。经检测,是由菱镁矿($MgCO_3$)作基体在500～600大气压下,将有机染料和胶黏剂三者一起压制而成。染料最初是有机物,现在正转变为由无机着色剂代替。

三、再造软玉

近几年市场上出现的"白玉雕牌"十分火爆,买者纷纷。其外观与白玉无别,价位不高,其实就属于再造软玉。

(一)制作工艺

将白色透闪石粉碎后,加入黏结剂,经加温、加压而成整体外观。亦可在模具中压制成型。

(二)工艺特征

(1)放大检查

再造软玉具微粉粒状结构,与天然软玉不同。颜色均一,内部净洁,不见"柳"、"棉"。

(2)密度与硬度

均比天然软玉略低。

(3)红外吸收光谱

有黏结剂吸收峰。

四、再造翡翠

在2002年的广州珠宝市场上,出现了一种外观颇似"铁龙生"及"磨西西"模样的玉件及串珠、项链饰品。经详细检验,这是用玻璃胶结绿色不透明翡翠碎粒而成的再造翡翠制品。鉴别特征如下:

(一)外观特征

1. 无色根

绿色、翠绿色或深绿色,分布均匀,色向杂乱,没有"色根"。

2. 微透明

几乎不透明,仅在样品边缘和较薄的部位弱透光。

3. 碎粒胶结

具明显的棱角状粒状结构,颗粒颜色深浅不一,无序集结。

4. 麻坑表面

再造品玉件表面通常抛光较好,呈现玻璃光泽,但表面常有近圆形的小凹坑麻面,而不同于"橘皮效应"。

5.参差状断口

整体断口为参差状,但在参差状断口中夹杂有贝壳状断口。

(二)内部特征

(1)高折射率:点测为1.66~1.68,高于翡翠。

(2)低密度:密度为 $3.00g/cm^3$(静水称重法),远低于翡翠。

(3)碎裂结构:由大小不等的碎屑和胶结物组成,在反射光下清楚可见光泽较高的硬玉碎屑和光泽较低的胶结物组成的颇似沉积岩的碎屑胶结结构,而且在胶结物中可见细小的气泡。

(4)异物加注:化学分析表明,总成分与"铁龙生"接近,但含有 PbO、ZnO 成分,PbO含量可达7%左右。

五、其他再造宝石

目前市场上还出现了多种再造珠宝玉石的制品。如再造青金石、再造汉白玉、再造寿山石、再造硅质玉、再造合成尖晶石等等。

如用熔接法,将合成尖晶石颗粒熔接成整体外观,用来仿青金石。它呈亮蓝色,颜色分布均匀,粒状结构,可含有细小的、似模仿黄铁矿的黄色斑点。这种仿青金石的再造合成尖晶石,光泽比青金石强,抛光性良好,在查尔斯滤色镜下呈明亮的红色,折射率1.72,密度 $3.52g/cm^3$,用分光镜观察可见红、绿、蓝区有典型的钴吸收谱。

第六章 改善宝石

人类改善珠宝玉石由来已久,延续至今且逐日强劲。改善宝石能够抢占市场的半壁江山,缘于它能满足人们对美丽珠宝的渴求。

天然珠宝玉石在自然界是十分稀少的,其中优质品更是千里挑一,并且这些不可再生资源许多已近枯竭。因此近20多年来珠宝市场上天然珠宝玉石的供需矛盾日趋尖锐,价格暴涨。

随着时间推移、社会需求增大和改善技术的提高,会有更多的低品质珠宝玉石被改造成色泽艳丽、晶莹无暇、坚韧耐久的珠宝饰品,这已是当今人工宝石学研究的重要课题,其中宝石的改善方法和工艺是令人最感兴趣的研究方向。

宝石的改善,是人们运用某种科学技术和加工工艺来改变低品质宝石的颜色、净度、光泽、耐久性等物理性质和化学稳定性,以提高其装饰效果和经济价值的手段。

经过改善的宝石,称为改善宝石。又称人工改善品,宝石的优化处理等。但无论怎样定名,由于已不是原来的天然宝石,应属人工宝石之列。

第一节 宝石改善原则

消除绝大多数天然珠宝玉石中存在的这样或那样的缺陷,提高其美观、耐久和可用性,是改善宝石的原则。因此,宝石改善工艺和改善宝石的销售,必须遵循求真务实的原则。

一、改善原则

人工改善宝石和天然形成的宝石一样,有各自的特点,也各有其评价标准。改善宝石,除具有天然宝石固有的物理性质、化学性质和工艺类型外,还有其改善工艺独有的特征。虽然各种天然珠宝玉石经不同方法改善后会显露出不同的特性,但对于所有珠宝玉石的人工改善有共同的评价要求。

(一)美观性

宝石之贵,贵在美,美在色泽。爱美求美,是物质世界的共同追求。无论是人、动物和植物,亦或宝石、玉石、奇石,都在有意和无意地去美化自身,美化环境。人们之所以喜爱宝石,是由于宝石的美丽色泽能给人心灵和物质上美的享受。宝石的美,表现在内在美、外在美和工艺美诸方面。人工改善的首要任务是尽量使宝石内部潜在的美显露出来,或通过工艺处理提高其外在美与工艺美。

1. 内在美

揭露和展现宝石内部潜在的美,可以通过消除掩盖宝石内在美的瑕疵获得,亦可通过能量活化改变宝石内部致色离子的价态或内部构造缺陷(色心)而获得。

2. 外在美

可饰性差的无色或颜色暗淡的珠宝玉石,通过各种改善工艺,使外来物质进入宝石表层,或涂覆宝石表面,提高珠宝玉石的外在美。

3. 工艺美

常言道:"玉不琢,不成器"。再好的珠宝玉石,不经过切磨、雕琢、抛光、镶嵌等传统加工工艺,是不能成为装饰品的。要使珠宝饰品具有较高的商业价值,优良的加工工艺是最重要的。所谓"三分料,七分工",就是这个道理。我们在市场上可以看到,凡是优质的珠宝玉石,其加工工艺一定也是很好的,好的加工工艺可以增强宝石的色泽光彩。

(二)耐久性

所谓耐久性,是指珠宝玉石通过人工改善后获得的理想效果是否能在正常的物理化学环境中保持稳定而不发生明显变化的特性。一般说来,宝石改善效果能否具有耐久性,主要在于在改善过程中宝石的化学成分、内部结构是否发生改变,以及附加外来物质的稳定性如何。

改善宝石,应在多长时间内是稳定的,目前各国尚无明确规定。对佩戴者来说,稳定的时间越长越好,起码在佩戴期间不发生明显变化。由于改善宝石的经济价值低于同类天然宝石,所以要求在正常环境条件下,耐久性应保持10年以上。

(三)安全性

改善宝石的安全性,是指宝石在改善过程中不应对环境造成污染、生产工艺安全可靠、产品对人体无害。

1. 无害

改善宝石是供人佩戴和把玩的,要经常与人体皮肤相接触,如果改善宝石中有害物质超过标定安全值,将会对人体有害。尤其是改善方法中经过化学反应和放射性辐照后,一些有害化学物质(刺激皮肤过敏的盐类及有毒染剂)和残留的放射性,会对人体造成很大危害。因此,改善宝石中残留的有害物质在未达安全值之前不得面世。

2. 无污染

宝石在改善过程中所用的一些化学染色剂,有很好的稳定性,不染色于他物,如皮肤、衣服等。另外,在宝石改善过程中,往往会产生有害气体和一些其他废弃物,如果防护不好,将污染环境。

3. 安全

在宝石改善过程中,高强度的射线辐照,热炉的高压电流,易爆易燃的化学反应物、有毒有害气体和微尘,都可能对生产人员有极大的危害。

百年大计,安全第一。在宝石的改善过程中,必须建立科学的生产工艺流程和严密的安全防护设施,并严格实施监督管理制度,确保人身、生产、产品安全。

二、改善规则

在科技信息化时代,宝石改善技术得以快速普及和提高,更多的改善宝石不仅充斥珠宝市场,而且与天然品难以分辨,利诱之大不言而喻,造成以假乱真、以次充好。为此,世界各国相继出台了有关宝石改善及对改善品的各种规定。

(一)中国

根据中华人民共和国国家标准 GB/T16552-2003《珠宝玉石 名称》的规定,除切磨和抛光以外,用于改善珠宝玉石的外观(颜色、净度或特殊现象),耐久性或可用性的所有方法,分为优化和处理两类。

1. 优化

是指传统的,被人们广泛接受的,使珠宝玉石潜在的美显示出来的改善方法。属于优化改善工艺的有热处理、漂白、浸蜡、浸无色油、染色(玉髓、玛瑙类)等。优化的珠宝玉石定名,可直接使用珠宝玉石名称,而且在鉴定证书中可不附注说明。例如,缅甸和斯里兰卡出产的具有丝状包体的浅蓝色和灰白色的蓝宝石,在还原条件下热处理后,可变为漂亮的蓝色蓝宝石;巴西出产的无色或黄色托帕石,经辐照—热处理,可变成蓝色托帕石;哥伦比亚盛产的中低档祖母绿,经注无色油可掩盖微细裂隙,提高透明度;再如最古老的玉髓、玛瑙的染色等。在销售时可当作天然品而不做说明。

2. 处理

是指非传统的,尚不被人们接受的改善方法。如浸有色油、充填(玻璃充填、塑料充填或其他聚合物等硬质材料充填)、浸蜡(绿松石)、染色、辐照、激光钻孔、覆膜、扩散、高温高压处理。对于处理的珠宝玉石定名,是在对应珠宝玉石名称后加括号并注明"处理"二字,并且必须在鉴定证书中描述具体处理方法。若在目前一般鉴定技术条件下,不能确定是否处理时,在珠宝玉石名称后可不予表示,但必须加以附注说明。

国标中还规定,经人工处理的人工宝石可直接使用人工宝石基本名称定名。有关规定,详见表6-1。

表6-1 常见改善宝石工艺分类及鉴定特征

宝石名称	改善方法	改善效果	鉴定特征	分类
钻石	激光钻孔	改善净度	可见白色的管状物、激光孔、少有无色充填	处理
钻石	覆膜处理	改善颜色、耐磨性	覆膜可脱落,可用刀、针刮掉,膜多为晶粒状结构,1 500cm^{-1}宽峰增大	处理
钻石	充填处理	改善颜色	充填裂隙可见可变的闪光效应,暗域是橙黄或紫至紫红粉红色等闪光;亮域下呈蓝至蓝绿色,绿黄、黄色等闪光。充填物中可有气泡、絮状物或雾状结构,流动构造等。透明度降低,可有不完全充填区域	处理
钻石	热-辐照处理	改善颜色	彩钻在油浸镜下,亭部有色带、色斑,呈伞状分布。可见594nm,699nm吸收线;深色绿钻可具741nm吸收线(在低温状态),此法常用于将浅色宝石改为深色,原理是从原子空位缺陷改造的色心	处理
钻石	高温高压处理	改善颜色	可见雾状包体,常规不易检测。拉曼光谱可见较明显的637nm吸收峰、575nm激发光谱。因改变晶格结构而改色	处理
红宝石	热处理	改善颜色	固态包体周围出现片状、环状应力裂隙,丝状和针状包体呈断断续续的白色云雾状,负晶外围呈熔蚀或浑圆状,还可见双晶纹和指纹状包体。具格子状色块,不均匀扩散晕,麻坑	优化
红宝石	浸有色油	增色	裂隙有五颜六色的干涉色,渣状沉淀物。可见表面油迹,颜色集中于裂隙内,可见流动纹。荧光下可发橙色、黄色荧光	处理
红宝石	染色	增色	可见颜色集中于裂隙中,表面光泽弱,出现多色性异常,丙酮擦拭掉色,可发橙红色荧光	处理
红宝石	扩散处理	增色或产生星光效应	颜色分布于表层,不均匀;星线均匀;二色性模糊;色斑发红色荧光;折光率1.78~1.79(1.80);颜色可集中于处理前的裂隙或凹坑等的边缘或内部;内部具热处理相似的特点	处理
红宝石	充填处理	增加透明度	可见裂隙或表面空洞中的玻璃状充填物,残留的气泡,光泽弱;其成分结构与红宝石不同,可用红外光谱或拉曼光谱确定其充填物	处理

续表 6-1

宝石名称	改善方法	改善效果	鉴定特征	分类
蓝宝石	热处理	改善颜色	与红宝石热处理结构相似。格子状色斑,原色带、色斑边缘模糊,无 450nm 吸收带	优化
	扩散	增色或产生星光效应	油浸下或散光下可见颜色集中在棱线或裂隙处,不均匀,呈网状。或集中在凹坑等缺陷的边缘及内部;星光细而直,且针状包体都集中在表面,短波下可有蓝白或蓝绿色荧光,可缺 450nm 吸收带	处理
	辐照	改善颜色	无色、浅黄色和某些浅蓝色蓝宝石经辐照后可产生深黄或橙黄色,极不稳定,常规仪器难测定处理依据	处理
祖母绿	浸无色油	改善颜色	裂隙中可见油的无色或浅黄色干涉色。长波下呈黄绿色或绿黄色荧光,受热后"出汗"	优化
	浸有色油	增色	裂隙中呈绿色反光;丙酮拭之褪色。长波下呈黄绿色或绿黄色荧光	处理
	充填处理	改善颜色耐久性	充填物沿裂隙分布并呈绿色反光,呈雾状,有气泡及流动构造;热针探之"出汗";丙酮拭之可溶解充填物	处理
海蓝宝石	热处理	改善颜色	蓝绿色、黄色、由铁致色的绿色,经热处理可转呈蓝色,稳定,常规仪器不可测	优化
猫眼	辐照	改善颜色及眼线	常规仪器不易检测	处理
绿柱石	热处理	改善颜色	常用于摩根石的颜色处理后去除黄色调而产生纯粉红色。400℃以下稳定,常规仪器不易检测	优化
	辐照	改变颜色	由无色、浅粉色变成黄色(250℃以下稳定)或蓝色,常不易检测。辐照的蓝色绿柱石有位于 688nm,624nm,578nm,560nm 等吸收带	处理
	覆膜	产生绿色外观	放大检查时可见绿膜脱落	处理
碧玺	热处理	改善颜色	暗色加热产生绿色至蓝绿色,粉色或红色加热,产生无色;橙色加热产生黄色;棕色、紫色加热产生蓝色,稳定,不可测	优化

续表 6-1

宝石名称	改善方法	改善效果	鉴定特征	分类
碧玺	浸无色油	改善外观	油浸于裂隙中	优化
	染色	改善外观	用染色剂渗入空隙染成红、粉、紫等色。丙酮拭之褪色	处理
	充填	改善外观,耐久性	用树脂充填表面空洞裂隙。可见表面光泽差异,裂隙或空洞偶见气泡	处理
	辐照	改善颜色	浅粉、浅黄、绿、蓝或无色者经辐照产生深粉色至红或深紫红色,黄至橙黄色,绿色等,不稳定,热处理会褪色,不易检测	处理
锆石	热处理	改善颜色	几乎所有无色、蓝色锆石都是热处理产生的,也可产生红色,棕色,黄色等。通常稳定,少数遇光颜色会变化。表面或棱角处常亦发生碎裂和小破坑	优化
托帕石	热处理	产生粉红色	黄色,橙色和褐色加热能呈粉色,或红色。稳定,不可测	优化
	辐照	产生绿黄蓝色等	无色能转成深蓝或褐绿,常经热处理产生蓝色;黄色,粉色,褐绿色可经辐照加深颜色或去除杂色,多数不可测	处理
	扩散	产生蓝色	无色者呈蓝色,蓝绿色。放大观察可见颜色在刻面棱线处集中	处理
石英	热处理	产生黄色	暗色紫晶变浅;去除灰色色调;紫晶加热变黄晶、绿水晶;有些烟晶变成绿色色调之黄晶。颜色不稳定,不可测	优化
	辐照	产生紫色烟色	水晶成烟晶,不可测;芙蓉石加深颜色,稳定,不可测	处理
	染色	用于仿宝石	淬火炸裂纹、浸入染料中着色。放大检查见染料集中于裂隙中,发荧光	处理
长石(月光石、天河石;日光石、拉长石)	覆膜	改善外观	盖上蓝色或黑色覆膜,以产生晕彩。放大检查可见覆膜脱落	处理
	浸蜡	改善外观	用以充填表面解理、缝隙。中等稳定。热针可熔蜡,红外光谱测定	处理
	辐照	用于仿宝石	白色微斜长石处理可成蓝色天河石,很少见,不易检测	处理

续表 6-1

宝石名称	改善方法	改善效果	鉴 定 特 征	分类
方柱石	辐照	改善颜色	无色或黄色变成紫色,不稳定,遇光全褪色	处理
坦桑石	热处理	产生紫色	某些带褐色调的晶体产生紫蓝色,稳定,不可测	优化
辉石(锂辉石等)	辐照	改善颜色	常用于锂辉石,无色或近于无色者呈粉色,紫色调转成暗绿色,稍加热或见光会褪色。辐照产生的颜色,黄色,黄绿色锂辉石残留放射性,稳定,不易检测。亮黄色无天然对应物	处理
红柱石	热处理	改善颜色	由一些绿色加热产生粉色,稳定,不可测	优化
蓝柱石	辐照	改善颜色	无色者可呈蓝色或浅绿色,稳定性不详,不易检测	处理
方解石	染色	改善颜色	可染成各种颜色,解理缝内可见染料	处理
	浸蜡或注胶	改善外观,防裂开	表面呈油脂光泽,易熔,可用热针探测	处理
	辐照	产生颜色	产生蓝色,黄色或浅紫色。某些颜色会褪色,不易检测	处理
翡翠	热处理	产生红色,黄色	浅棕色或无色者能呈棕色,棕黄色,呈红色者有干的感觉。不易检测	处理
	漂白,浸蜡	改善外观	酸洗后用蜡浸泡。表面呈蜡状光泽,加热出蜡,有蓝白色荧光	处理
	漂白,充填	改善外观,耐久性	树脂光泽,底变白,色发黄。原色定向性破坏,表面有橘皮效应(或无),颗粒破碎,解理不连贯;见沟渠状构造;抛光面见微裂纹;结构松散;密度 3.00～3.34g/cm³,折光率 1.65(点测法),具 2 400～2 600cm⁻¹,2 800～3 200cm⁻¹强吸收峰,常有荧光	处理
	染色	产生鲜艳绿色	染料沿粒隙呈网状分布,铬盐染色者常具 650nm 吸收带,有些色料在滤色镜下可呈显红色,某些则无反应。常见人工炸裂纹	处理
	覆膜	产生绿色	折光率低,表面光泽弱,无颗粒感,局部可见 650nm 吸收峰	处理
软玉	浸蜡	改善外观	以无色蜡或石蜡充填表面裂隙。热针可熔。红外光谱可见有机物吸收峰	处理

续表 6-1

宝石名称	改善方法	改善效果	鉴定特征	分类
软玉	染色	产生鲜艳颜色	常染成绿色，染料沿粒隙分布。吸收光谱可见 650nm 吸收峰	处理
欧泊	注无色油	改善外观	无色油或无色非固体材料。可见异常晕彩、闪光效应，不易检测	处理
欧泊	染色	加强变彩	染料常在缝隙中呈微粒状聚集，遇水会失去变彩	处理
欧泊	塑料充填	改善外观	注入有色或无色塑料，密度低 1.90g/cm³，特征包体有黑色纹，有时可见不透明金属小包体	处理
欧泊	覆膜	改善变彩	用黑色材料作衬底。可放大观察，可用细针尖刻划	处理
石英岩	染色	用于仿宝石	可有多种颜色。染料沿粒间裂隙分布，吸收光谱可见 650nm 吸收峰（绿色谱）	处理
玉髓	热处理	改善颜色	色匀，鲜艳，不易检测	处理
玉髓	染色	产生鲜艳颜色	可有各种颜色。染料沿裂隙分布，染绿色者可有 645nm，670nm 模糊吸收带	处理
蛇纹石玉	浸蜡	改善外观	用无色蜡充填裂隙或缺口，一般较稳定；蜡状光泽，热针探之"出汗"	优化
蛇纹石玉	染色	产生鲜艳颜色	有各种颜色，染料沿裂隙分布；染绿色者可有 650nm 吸收宽带	处理
绿松石	浸蜡	加深颜色	用来封住细小的孔隙。热针可熔蜡，密度低，蜡状光泽	处理
绿松石	充填	改善颜色，耐久性	无色或有色塑料或加有金属的环氧树脂等材料。密度低（2.4～2.7g/cm³），硬度低（3～4）。热针可熔有机物，红外光谱可测定有机物，放大观察可见不规则片状	处理
绿松石	染色	加深颜色	黑色液状鞋油等材料。色深而不自然，色层浅，易脱落，氨水可洗掉，热针可熔化。用于仿暗色基质	处理
青金石	浸蜡或无色油	改善外观	蜡层易剥落。油密集于裂隙；用热针探之"出汗"	优化
青金石	染色	改善外观	色沿裂隙分布，用丙酮，酒精或稀盐酸可擦掉色	处理

续表 6-1

宝石名称	改善方法	改善效果	鉴定特征	分类
孔雀石	浸蜡	改善外观	将蜡从表面浸入裂隙内,热针可熔之	优化
	充填	改善耐久性	塑料或树脂充填其裂隙。放大检查可见充填物,热针可熔之	处理
大理石	染色	用于仿宝石	可有各种颜色,放大检查可见染料。试剂擦拭掉色,隙间色浓	处理
滑石	染色	产生各种颜色	染料浓集于裂隙,放大检查可见染料,试剂擦拭掉色	处理
	覆膜	改善外观,掩盖裂隙	塑料或石蜡等材料以掩盖表面裂隙与抛光纹,增大硬度。薄膜易剥落,触之有温润黏手感	处理
萤石	热处理	改善颜色	常将黑色、深蓝色处理成蓝色,稳定。避免300℃以上的浸热,不易检测	优化
	辐照	改善颜色	无色的变成紫色,绿色者可发荧光。易蝇变,不稳定,不易检测	处理
	充填	改善颜色	用塑料或树脂充填表面裂隙,以确保加工时不裂开,放大检查可见,热针熔之	处理
羟硅硼钙石	染色	增色	易着色,可染成绿色(仿绿松石),监色(仿青金石)等颜色。颜色非天然分布,而是集中于网脉裂隙中,放大检查可见,会褪色。在查尔斯滤色镜下呈粉红或红色	处理
鸡血石	充填	增加红色	胶或树脂将红色颜料或辰砂粉充填于裂隙或凹坑中,干燥后涂上一层树脂。表面呈蜡状或油脂状光泽。可见"血"色单一,多沿管缝或凹坑分布。染料颗粒不完全浮于胶中。色亮而佳,触之有温感,硬度大,密度低,加热可烧焦	处理
	覆膜	改善外观,增加红色	用辰砂粉或红色颜料与胶混合,涂于表层,以增加"血色"。放大检查可见"血"色飘浮于透明层中,偶见涂刷痕迹,滴王水不产生薄膜	处理
寿山石	热处理	改善或改变染色	烟熏或化学试剂烧烤或恒温加热,将其表面处理成黑色或红色,颜色分布均匀完整,且仅在浅层面,易干裂,水头差,无"萝卜纹"	优化

续表 6-1

宝石名称	改善方法	改善效果	鉴定特征	分类
寿山石	染色	产生黄、红-棕红色	蒸煮或罩染等方法将之染成黄色或红色至暗红色,以仿田黄。均染其皮,内为白色(石粉),而且染色不均、不自然,并浓集于裂隙或空洞,无萝卜纹。染色者丙酮拭之掉色	处理
	覆膜	改善外观	用黄色石粉与环氧树脂调合均匀,涂染于表面制成假石皮,以仿田黄。其表面光泽异常,易具擦痕,刮下石粉呈黄色,石质较干燥,无"萝卜纹",薄膜易脱落	处理
天然珍珠	漂白	改善颜色与外观	除去珍珠表面杂质。过氧化氢法,氯气法,荧光增白法等处理,常规仪器不易检测	优化
	染色	产生黑色、灰色	有化学着色与中心染色两种方法,而后抛光。染料可在表面凹坑处及孔中见到。丙酮拭之褪色,银盐染黑者可测出银元素	处理
养殖珍珠	漂白	改善外观	除去珍珠表面杂质。过氧化氢法,氯气法,荧光增白法等处理,常规仪器不易检测	优化
	增白	改善颜色	在漂白基础上添加增白剂	优化
	染色	产生颜色	同天然珍珠。放大检查可见色斑,表面有点状沉积物,用稀盐酸或丙酮拭之可见染料。长波下呈惰性,银盐染色者可测出银。X-射线照相可见白色线条	处理
	辐照	改变颜色	可呈黑色、绿黑色、蓝黑色、灰色等。放大检查珍珠质层可见辐照晕斑,用拉曼光谱分析与未处理黑珍珠有差异	处理
珊瑚	漂白	改善外观	双氧水除混色,体色变浅,常规仪器不易检测	优化
	浸蜡	改善外观	蜡充于缝隙空洞,放大检查可见,热针探之"出汗",有荧光	优化
	染色	产生红色	染料沿生长条带分布。裂隙中可见染料集中,色分布不均匀,丙酮拭之掉色	处理
	充填	改善颜色、耐久性	用环氧树脂或似胶状物质充填多孔质珊瑚,密度降低,热针探之可有胶脂溢出	处理

续表 6-1

宝石名称	改善方法	改善效果	鉴定特征	分类
琥珀	热处理	加深颜色	将云雾状琥珀放入植物油中加热变得更透明,产生针状裂纹呈"睡莲状"或"太阳光芒"状;再生琥珀具搅动构造,粒状结构。异常双折射,具白垩蓝色荧光	优化
	染色	加深颜色	仿暗红色琥珀,也有绿色或其他颜色,可见有染料沿裂隙分布	处理
象牙	漂白	去除杂色	用双氧水等氧化性的溶液去除黄色,使其变浅或去除杂质。不稳定,不易检测	优化
	浸蜡	改善外观	可见表面有蜡感,显油润。热针可测,一般不易检测	处理
	染色	用于工艺品	以产生古象牙的外观,不常见。放大观察可见颜色沿结构纹理集中或见色斑	处理
贝壳	覆膜	仿珍珠（光泽）	表面覆涂珍珠精液等材料,产生珍珠光泽,仿珍珠。放大检查可见部分薄膜脱落,表面光滑无"砂",光泽异常,不具珍珠表面特有的生长回旋纹,而只是类似鸡蛋壳表面高高低低的单调粗面,内部呈层状结构	处理
	染色	产生各种颜色	色浮于表面层,丙酮擦拭掉色	处理
合成红宝石	淬火炸裂	产生裂纹	以仿天然红宝石	处理
玻璃	覆膜	增强光彩	以仿天然宝石,常可见到部分薄膜脱落,锐器可剥	处理

(二)欧共体国家

关于改善宝石的划分,欧共体国家的国际珠宝、银饰、钻石、珍珠及贵重宝石联盟(CIBJO)规定,凡是通过物理方法、化学方法或物理化学方法而生色或染色的宝石,属处理品,如辐照改色宝石、化学改色宝石、镀膜改色宝石等,在销售时要注明有关改善珠宝的所有信息,并把此类信息置于展示牌上传达给顾客。要求从加工商到零售商的各级营销过程中,有关的宝石文件(记录、发票等)必须包括这些处理方法的说明,建议这种信息对消费者公开。而玛瑙(包括纹玛瑙、红玉髓、缟玛瑙、绿玛瑙、蓝玛瑙等)、绿柱石(海蓝宝石、铯绿柱石)、水晶(黄水晶)、粉红色托帕石、各色电气石和刚玉类宝石,则不归为处理品。还规定,所有人工改色的天然珍珠都必须直接清楚的注明。

(三)美国

美国联邦贸易委员会(FTC),对改善宝石规定如下:任何被人工改色或染色的钻石和其他宝石,无论镀膜、辐照、热处理,还是用核辐射处理,如果没有声明这类改善品是经人工染色处理及这种颜色不是永久性的,那么供应和销售这种产品均被禁止(表6-2)。

表6-2 美国珠宝贸易中部分宝石改善品的声明规则

处理方法及结果	处理结果稳定性	常规检测手段检测结果	销售中是否要声明
海蓝宝石经热处理由绿色变为蓝色	稳定	检测不出	可以不声明
锆石经热处理变成无色或蓝色	基本稳定	检测不出,但天然锆石极少为无色或蓝色	可以不声明
用热处理去除红宝石、蓝宝石中的丝状包裹体	稳定	有时可以检测出	可以不声明
用热处理使蓝色蓝宝石增色或减色	稳定	一般可以检测出,有时不行	有时要求声明
用辐照法使托帕石变成蓝色	稳定	检测不出	不必声明
用辐照法使托帕石或蓝宝石变成黄色或棕色	不稳定	检测不出,除非用褪色试验	一般要求声明
用辐照法使绿柱石产生Maxixe型蓝色	不稳定	可以检测出	要求声明
用无色固结剂注入绿柱石或欧泊	通常稳定	一般可以检测出	有时要求声明
用无色物质(油或树脂)浸透祖母绿或红宝石	有变化	通常可以检测出	有时要求声明
用有色物质浸透或覆盖绿柱石或祖母绿	不稳定	可以检测出	必须声明
用热扩散法使蓝宝石产生表层蓝色或星光	稳定,但在重抛光时易被除去	可以检测出	必须声明

(四)日本

日本宝石协会和日本首饰协会从1991年10月1日起,要求国内市场执行如下规定:凡是为了把宝石本身所具有的潜在美质充分发挥出来的人工处理宝石均定为天然宝石;而经过辐照改色、增色、染色或改善宝石整个外观等处理的宝石,划入非天然宝石之列(表6-3)。

表6-3 日本宝石协会1991年规定的可划为天然宝石的人工改善品

天然宝石	人工处理的目的	人工处理的方法	销售时是否要注明
祖母绿	复原祖母绿在加工阶段所减少的透明度	用无色油或无色合成树脂浸透祖母绿	销售时要求注明
翡翠	提高翡翠透明度,使颜色更均匀	用蜡或无色树脂浸透翡翠	销售时要求注明
红宝石	提高红宝石透明度	用玻璃和树脂充填红宝石的裂隙	销售时要求注明
欧泊	加强欧泊黑色底色,使变彩更为美丽	把欧泊浸在混有染料的高分子聚合塑料或各种树脂中进行处理	销售时要求注明
电气石	提高电气石净度、透明度	用树脂充填电气石中空的粗大管状包裹体	销售时要求注明
珊瑚	提高珊瑚饰品光洁度	用树脂充填珊瑚表面小孔	销售时要求注明
绿松石	提高绿松石的结构稳定性和防污性	用无色树脂和水玻璃浸透绿松石	销售时要求注明
装饰宝石	防止宝石表面被侵蚀或划伤	用树脂覆盖在孔雀石或菱锰矿等有美丽条纹的装饰宝石表面	销售时要求注明

某些珠宝商为遏制无视珠宝市场规则和避免消费者上当受骗,近年来曾多次召开国际会议就此进行讨论。如1993年由国际彩色宝石协会(ICA)提出,彩色宝石可分为N(天然的)、E(优化的)、F(充填的)和T(其他处理)等四大类;又于1994年提出N、O(油浸的)、E、T的分类方案。尽管这些方案尚未被所有ICA成员国所接受,但制定一个标准是十分必要的,因为珠宝生产和贸易具有国际性。

对于改善宝石来说,无论是改善宝石的研制者,还是改善宝石的检验者,都还必须清楚地认识到,由于天然宝石产出的地质环境(或宇宙环境)十分复杂,形成时间悠久漫长,影响其生长的因素复杂多变,必然会导致天然宝石的化学组分、晶体结构有所变异。因此不同产地的同种宝石,甚至同一产地同种宝石的不同个体之间,也存在某些差异。所以宝石的改善应采用现代最先进的分析测试技术,加强对宝石的晶体结构、晶体化学、致色机理等方面的理论研究,分析在改善过程中发生和可能发生的物理化学性质变化,通过反复试验才能获得理想效果。

对于宝石学家来说,应把宝石的改善看成是扩大宝石资源的重要途径,以为社会增加珠宝财富,满足和保护社会需求,推动宝石学健康发展为己任而辛勤工作。

第二节 改善工艺分类

自人类社会进入 21 世纪以来,由于自然科学的高速发展,新技术、新方法不断出现,为人工改善宝石不断提供一个又一个新手段、新设备,使改善技术得以迅猛的发展。

由于宝石的改善方法多且保密,加上人们对改善宝石的认可度不同,目前对其分类尚无统一方案。作者认为,宝石改善工艺的分类可按宝石学的成因分类系统,划分为组、种、亚种三级(表6-4)。这里的"组"是指宝石改善的物质基础,即引起宝石改善的成因因素(能量、成分等作用);"种"是指改善成因因素的作用方式;而"亚种"是"种"的细分,即具体改善方法。表的最后部分,是根据人们的认可度将改善结果按国标 GB/T16552 分为优化与处理两类。

随着科学技术的进步,可以说现在的宝石都是可以改善的,改善的宝石更具迷人的神秘色彩。

表 6-4 宝石改善工艺分类

组	种	亚种	认可程度	
			优化	处理
能量活化	热能工艺	普通热处理法	√	
		熔盐电解处理法	√	
	辐照工艺	重带电粒子辐照法		√
		高能电子辐照法		√
		电磁辐照法		√
		中子辐照法		√
	热-辐照工艺	热-重带电粒子辐照	√	
		热-高能电子辐照	√	
		热-电磁辐照	√	
		热-中子辐照	√	

续表 6-4

组	种	亚种	认可程度	
			优化	处理
化学反应	热扩散	粉末包渗法		√
		盐浴法		√
		熔烧法		√
	净化与漂白	强酸强碱净化法		√
		净化融合法		√
		化学漂白法	√	
		光照褪色法	√	
	化学沉淀	盐溶浸泡法		√
		色液热解法		√
物理修饰	孔隙注入	静态注入法		√
		热注入法		√
		高压注入法		√
	表面遮盖	涂覆法		√
		镀膜法		√
		贴箔法		√
	除杂掩脏	激光除杂法		√

一、能量活化

能量活化,是指宝石在受到外加能量作用时引起的外观特征变化。宝石外观特征变化主要取决于宝石本身的性质和能量作用条件。

按能量来源和作用方式可分为热能工艺和辐照工艺两种。

(一)热能工艺

热能工艺,亦称热处理。是人们在一定的气氛(氧化、还原)条件下控温加热,来改善宝石外观特征。

宝石受热时,其物理化学性质会随温度不同而发生一定程度的变化。物理变化表现在熔蚀、破裂和裂隙愈合;化学变化表现在离子价态、含量的变化、络阴离子场的变化,以及固熔体分离、特殊现象产生等物理化学变化。这些变化最终表现在颜色、透明度、净度、特殊光学现象等宝石外观特征上,即达到改善宝石的目的。但是,由于天然宝石形成条件的复杂性,热处理的结果往往是不可预知的。因此,必须在详细研究被改善宝石物化性质的基础上,采用各种热能工艺(控温条件、气氛、压力、添加剂等)进行反复实验,方能获得预期结果。

热处理的主要功能:改变致色离子的价态,消除不稳定的色心,脱水作用,蜕晶作用,净化或老化,消除色带,诱生淬火裂隙与裂隙愈合,消除丝状物和暗色核心或褐斑,结晶构型变化,甚至熔合再生。

热能工艺根据对宝石化学成分的变化程度不同分为普通热处理和熔盐电解法两种常见方法。热能装置有热炉(电阻炉、盐熔炉、燃料炉)、可控气氛炉和真空热炉等(图6-1),热源有激光加热和电子束加热等。附加设备包括气氛控制设备(气体发生器、氨气分解装置及真空系统等)、动力设备(配电柜、鼓风机等)、计量仪表(温度仪表、压力表、流量计及自动控制装备等),以及坩埚和清洗冷却设备等。

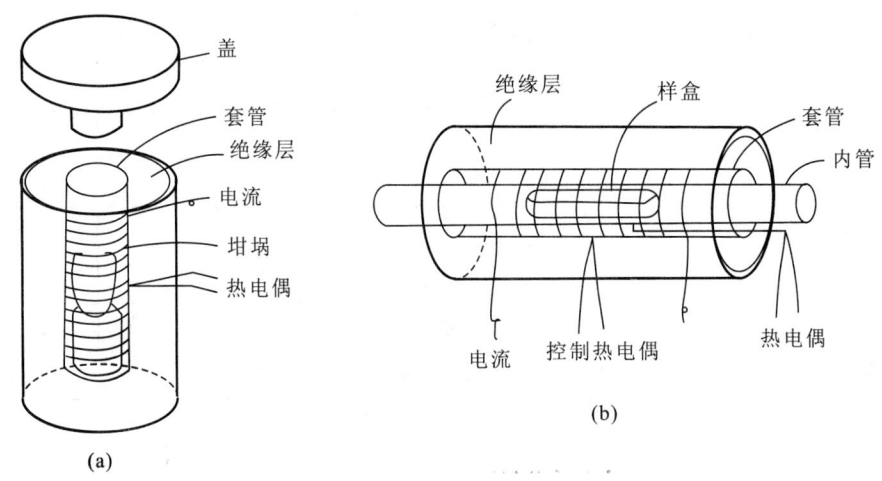

图6-1 井式炉(a)和管式炉(b)结构示意图

(K. Nassau,1984)

就热能工艺所需温度而言,可分四个阶段:低温(100～200℃)、中温(200～700℃左右)、高温(700～1 300℃)、超高温(1 300℃以上)。常见宝石的热处理条件,列入表6-5。

热处理设备是进行宝石热处理的基本工具,可简可繁。简单的热处理试验,可在实验室以酒精为热源,把宝石放在试管或坩埚内置于火焰上烧,也可在煤炉中烧。这些加热处理的缺点是受热不均,损失大,无法控制温度。最好是用带调控装置的加温设备,如低温处理可在各种烘箱内进行(鼓风式或红外热烘干箱、红外烤箱),中温和高温的热处理可在马弗炉中进行。

表6-5 宝石改色热处理条件(据 Wild,1932年)

宝　　石	产生的颜色	热处理温度(℃)
斯里兰卡蓝色蓝宝石	淡黄白色	400
斯里兰卡紫色蓝宝石	粉红色	450
贵黄玉(橙色)	粉红色	500
绿色绿柱石	蓝色(海蓝宝石)	420
黄色绿柱石	淡蓝白色	400
橙红色绿柱石	鲜亮的粉红色	400
褐色绿柱石	粉红色	400
暗红色电气石	粉红色	550~600
烟绿色电气石	较鲜亮的绿色	600~650
蓝绿色电气石	较鲜亮的绿色	650
烟水晶	白色	275~300
烟黄色水晶	黄橙色	250~350
某些紫水晶	橙黄色	500~575
蓝-绿色锆石	鲜亮的蓝色	380~500

在热处理过程中,应控制温度的高低、升温的速度、恒温时间、降温时间与速度以及周围气氛控制与添加剂(致色离子,酸碱度等),这些都是保证热工效应的主要因素。在热处理前应选择好样品,搞清处理目的与可能性,确定处理设备,注意安全,减少盲目性和风险,达到事半功倍的效果。

1. 普通热处理

通过对宝石的单纯加热(高、中、低温度),使其内部致色离子在含量及价态上发生变化,或引起晶体内部结构缺陷的变化,使宝石物理性质(颜色、透明度、光学性质)发生变化,达到改善的目的(表6-6)。

表6-6 热能工艺鉴别特征

温度	改善宝石	内部特征	外部特征
低温	琥珀	诱生盘状裂纹	因氧化而色变深
中温	紫晶、绿柱石、碧玺、托帕石等	偶见微细气-液包体因破裂而形成的应力裂纹与暗色斑点	无
高温超高温	钻石、红宝石、蓝宝石等	通常不明显,难测。偶有: (1)大小不一的斑点状扩散晕 (2)固态包体周围出现圆盘状或碟状应力裂隙 (3)气液包体消失,其体色较暗并伴有裂隙 (4)有时有特殊的紫外荧光	

(1) 高温热处理

① 在氧化气氛条件下：可使浅蓝色，浅黄色及浅粉红色的蓝宝石通过致色离子价态 $Fe^{2+} + e \rightarrow Fe^{3+}$ 的转化（$O^{2-} \rightarrow Fe^{3+}$ 电荷迁移），其颜色改变为橙黄色和橙红色；可消除红蓝宝石的丝光体（多为金红石包体或固溶体所致），提高宝石净度；可消除红宝石中的暗色核心或褐斑，有效地改变其颜色；可使褐色-褐红色低型锆石变成无色透明高型锆石，导致结晶构型的变化；通过高温处理或淬火处理，可消除或减弱焰熔法合成红、蓝宝石特有的弯曲生长纹等等。

② 在还原气氛条件下：可使绿蓝色绿柱石或绿色海蓝宝石，通过 $Fe^{3+} + e \rightarrow Fe^{2+}$ 价态的转化，改变成蓝色海蓝宝石；斯里兰卡的乳白色、棕褐色、浅蓝色 Geuda 石（存在有 Fe^{3+}、Ti^{4+}），通过 1 600~1 900℃ 高温处理，可实现 $Fe^{3+} + e \rightarrow Fe^{2+}$ 价态的转化，导致 $Fe^{2+} + Ti^{4+} \rightarrow Fe^{3+} + Ti^{3+}$ 之间的电荷迁移，而变成蓝色蓝宝石；褐色-褐红色低型锆石，变成浅蓝色-蓝色锆石。

(2) 中温热处理

中温热处理主要用于消除宝石中的不稳定色心，使宝石颜色耐久不变。改善后的宝石颜色不会因光照或日晒而褪色，也不会随时间延长而显著变化。目前市场上出现的部分海蓝宝石、坦桑石、黄水晶、绿水晶、黄玉、碧玺等有色宝石，大多经过热处理。

(3) 低温热处理

含有褐铁矿（$Fe_2O_3 \cdot nH_2O$）或氢氧化铁等致色杂质的黄色玉髓、褐黄色翡翠、黄色木变石猫眼等宝石，经热处理后，由于致色杂质脱水作用转变为赤铁矿，导致宝石的原本黄色褐黄色色调变成红色、褐红色；象牙、琥珀等有机宝石经热处理，可使宝石中的有机质发生氧化，使宝石外观颜色变深，达到仿古或做旧的效果，并能使琥珀熔接再造，提高净度和透明度。

由于热处理可破坏色心，烟水晶经过 140~200℃ 变为绿色或黄绿色、进一步加热到 380℃ 则又变成无色；紫晶变成黄色或无色；红色和褐色锆石变成无色锆石等等。

2. 熔盐电解

把熔盐混合后，放入石墨坩埚，然后再附上电解过程。用铂金丝缠绕住宝石共同做阳极，石墨坩埚做阴极。电解质在炉中熔化后，将铂丝缠绕的宝石放入电解池中进行电解（条件：电压 3.0V、时间 40~45min），然后取出。由于电解作用使宝石致色离子的价态和含量发生变化，从而使宝石的颜色发生变化。

该法缺点是，若熔盐选择不当，宝石会受到熔蚀。

(二) 辐照工艺

利用波动能或微观粒子对宝石进行辐照而引起宝石物理和化学变化的方法，

称为辐照工艺。因为电离辐射在与宝石作用过程中,能够直接或间接地通过能量转换而使被辐照的物质发生电离效应。常见的电离辐射有 4 种:重带电粒子、高能粒子、电磁辐射和中子(表 6-7)。

表 6-7 常见电离辐射及其性能

辐射类型	名称	符号	电荷	静止质量*	射程(cm)	
					水中	空气中
重带电粒子	质子	p	+1	1.007 276 6	0.002	2.25
	氘核	d(D)	+1	2.013 553 6		
	α 粒子	α	+2	4.001 506 4	0.000 5	0.5
	裂变碎片	FP	20~22	95~139	0.01(100MeV)	2.5(100MeV)
高能电子	电子	e 或 β 粒子	-1	0.005 485 97	0.5	400
	正电子	e^+ 或 β^+	+1	0.005 485 97	0.5	400
	U 介子	$U^{\pm}$	+1、-1	0.113 432		
	π 介子	$\pi^{\pm}$	+1、-1	0.149 848		
电磁辐射	电磁辐射	x 或 γ	0	0	10**	7 000**
中子	热中子					
	慢中子					
	中能中子	n	0	1.008 665 4	1.5**	大**
	快中子					
	高能中子					

注:* 为近似值,** 为半减弱厚度,即射线强度降低一半时吸收物质的厚度。

1. 辐射类型

(1)重带电粒子

常见的重带电粒子有:质子、氘核、α 粒子、裂变碎片等。它们带有不同数量的正电荷,质量比电子大得多。

α 粒子是放射性元素放射出来的高速飞行的氦原子核($^2_4$He),通过宝石时主要与处于粒子径迹附近的原子或原子中的电子发生碰撞,引起激发与电离而损失能量,损失的能量使得其径迹附近形成大量的激发原子或离子。α 粒子能量是单一的,在 4~10MeV 之间,一定能量的 α 粒子在同一种物质中穿过的最大距离(即射程)是人体相同的。在空气中穿行距离为2~8cm。

(2)高能电子

高能电子包括放射性元素核转变时释放出来的β射线(电子或正电子)及电子加速器产生的能量接近单一的电子束。β射线的能量一般为0.015~2MeV,电子加速器所产生电子能量一般为0.2~10MeV之间。高能电子在通过物质时,主要与电子相碰撞而损失能量,从而引起物质中原子或离子的激发与电离。高能电子穿透能力较强,射程较大,但运动方向会发生偏转。

(3)电磁辐射

γ射线与X射线属于电磁辐射,其本质与可见光相同。X射线可分为特征X射线和连续X射线两种。特征X射线(具有特定的波长)的能量可从轻元素的几eV到超元素的0.1MeV;连续X射线的能量分布是连续的,从0到入射电子的最大能量之间。

特征X射线,也称荧光X射线,是当原子内层轨道电子被其他高能粒子碰撞而脱离原子轨道后留下的空穴,由外层电子来填补时,多余能量以电磁辐射形式释放出来。连续X射线,是由高能带电离子(特别是电子)撞击物质时受到原子核库仑场的强烈阻滞,而转换成电磁辐射的部分能量。

γ射线是放射性核素(Cs,Co等)衰变过程中产生的波长极短的电磁辐射,能量一般在0.04~4MeV之间。γ射线有单一能量的,也有两种或两种以上单一能量。

电磁辐射既不带电,也没有静止质量,它在物质中的穿透能力比电子强得多。另外,有时紫外射线也可用于辐照物质。

(4)中子

中子是质量约为一个原子质量单位的不带电粒子,主要来源于核辐射源、重核裂变及轻核聚变等。以其能量大小,可分为热中子(0.025eV)、慢中子(0.03~100eV)、中能中子(100~10KeV)、快中子(10KeV~10MeV)及高能中子(大于10MeV)。但中子在自由状态下很不稳定,能以11.7min的半衰期自发地衰变成一个质子和一个电子。目前中子辐照是处理钻石的主要工艺之一,可使钻石产生绿色,但往往诱生钻石放射性。

2.辐照效应

宝石在辐照处理时可发生一定程度的变化,特别是颜色的变化。宝石某些性质的变化取决于宝石本身化学成分和晶体结构,亦取决于辐射类型、辐射能量大小、辐射时间及辐射方式等因素。

(1)宝石颜色的变化

宝石颜色的多样性,缘于宝石的化学成分、晶体结构、内含物、晶体光学以及人工改善工艺,其中任何一个因素的变化都可能引起宝石颜色的变化。辐射是可使宝石颜色变化的方法,是使宝石晶体内部结构发生变化而产生各种色心的原因。色心可分为电荷缺陷色心和离子缺陷色心。电荷缺陷色心是由晶格点阵上的离子仅在带电性质上发生变化而形成,它又可分为空位色心和电子色心;而离子缺陷色心,是由于当辐射粒子进入后正常晶格位的离子受到碰撞而发生位置变化,产生了诸如负离子空位、正离子空位、空位聚集、填隙离子等缺陷所形成的色心。

宝石经辐照产生色心致色或改色,实际上是宝石晶体中不同类型缺陷(陷阱)俘获电子或空位形成的过程。不同种类宝石或不同产地的同一种宝石,含有不同类型的陷阱(组合),经辐照后可形成不同类型的色心,从而导致晶体颜色的变化(表6-8)。

表6-8 辐照引起宝石的颜色变化

宝石材料	颜色变化
绿柱石(海蓝宝石)	无色变为黄色;蓝色变绿色;淡蓝色变为深蓝色[①]
刚玉	无色变为黄色[②];粉红色变为黄色[②];(帕德玛刚玉色)
金刚石	无色或淡色变为蓝、绿、黑、黄、棕、粉红或红色
珍珠	暗黑色变为灰、棕、"蓝"或"黑色"
水晶	无色、黄色或淡蓝色变为烟色、紫色、双色(紫—黄)变为黄色或绿色
锂辉石(紫锂辉石)	变为黄色或绿色[②]
黄玉	无色变为黄色[②]、橙色[②]、棕色或蓝色
碧玺	无色或浅色变为黄、棕、粉红、红或绿红色[②];蓝变紫色
锆石	无色变为棕色到红色
大理石	白色变为黄色、蓝色或丁香紫色

注:①光照下色减弱。②见光色可能会减弱;若有两个不同色心,有一个减弱另一个不减弱。

(2)诱发放射性

宝石经高能辐照,可使一些稳定元素发生核反应而产生放射性(β或γ射线)。能诱生放射性的辐射粒子主要是中子束、10MeV以上的高能电子束、质子束及α粒子束。这种核反应也称中子活化反应,反应生成的放射性核素称为人造放射性核素。其放射性大小与元素类型有关,而且诱生的放射性核素,都会发生放射性衰变。因此,经辐照处理的宝石具有对人体有害的放射性,只有放射性衰变后(豁免限值以下)才能出售。ICRP在1977年规定的人体剂量当量限值是 5rem·a^{-1},人眼晶体受量不得超过15rem,其他器官受量不得超过50rem。

由于天然宝石都或多或少含有微量杂质元素,如 Fe、Cr、Ni、Mn、Cu、Ca、Na、K、Co、Sc、Cs、Ta、Th、Sr 等,这些元素在受到中子辐照时常常被激活,而变成放射性核素(表6-9)。

表6-9 辐照宝石诱生的放射性核元素性质

放射性核素	半衰期	能量(KeV)	美国豁免限值(nCi/g)
^{53}Cr	27.79d	320	20.0
^{141}Ce	32.50d	77	0.09
^{59}Fe	45.1d	1 099.2	0.6
^{124}Sb	60.20d	1 852	0.2
^{45}Zr	64.02d	733	0.6
^{46}Sc	83.81d	889.26	0.4
^{182}Ta	115.0d	1 121.3	0.4
^{65}Zn	243.80d	1 115.5	1
^{54}Mn	312.20d	836	1
^{134}Cs	2.065d	604.6	0.09
^{60}Co	5.271d	1 332.4	0.5
^{40}K 天然	1.28Ga	157	0.3
^{238}U 天然	4.47Ga	1 796	0.167
^{232}Th 天然	14.06Ga	2 470	0.055

(高秀清等,1992)

(3)宝石的损伤

受辐照的宝石,晶格上的离子会发生移动,产生离子空位,甚至产生空位聚集区,不利于色心的形成;同时,辐照粒子对宝石表层原子或离子产生辐照气化效应,使宝石表层遭到破坏。

(4)色心的形成与消除

色心是宝石经能量活化时吸收了不同波段的可见光而产生不同颜色的晶体缺陷。色心种类很多,形成的颜色也不相同。常见的是电子色心和空穴色心。即电子存在于晶体缺陷的空位时所形成的色心称电子色心(如萤石色心)。空穴色心的典型例子是烟晶的呈色。水晶(SiO_2)中硅为四次配位,当水晶中有 Al^{3+} 存在时它可代替晶格中 Si^{4+} 离子,为保持电中性,在铝离子周围必须有一些碱(如 Na^+)或氢离子(H^+)存在。这时水晶因没有吸收可见光的未成对电子而无色,当这种无色水晶受到辐射粒子辐照时,与 Al^{3+} 离子相邻的氧原子能量增大,它的一对电子中的一个就从原来的位子抛出而剩下一个未成对电子,这个电子吸收可见光而产生颜色(常为特征的烟色);如果辐照强度较大并且晶体中有足够的 Al^{3+} 离子,水晶可变为黑色。因为在抛出一个电子的位置常有一个空穴,故这种色心就成为"空穴色心"。

宝石在被辐照处理过程中,既可产生新的色心(点缺陷),亦可破坏晶体中原有的色心而使原色消失。

3. 辐照装置

(1) 辐射源

目前常用的辐射源有 γ 射线源、电子束源、X 射线源及中子束源。对于辐射源的一般要求是其功率是可控的,辐射粒子穿透力强,剂量分布均匀,放射性残余应尽量没有或少量,辐照效率高,成本尽可能低。

(2) 辐照装置

辐照装置主要包括辐射源、宝石传输系统、安全防护系统、控制系统、辐照室及辅助设施。辐照装置的好坏直接关系到宝石改色的效果和安全。

辐照装置类型有静止辐照装置、单向多道辐照装置、帘式扫描辐照装置等(见图6-2)。

① 静止辐照装置。该装置比较简单,多为放射性核素辐照装置。辐射源为固定的板源或棒源。根据板源数和样品几何位置分为单板双位静止辐照装置[图6-2(a)]和双板三位静止辐照装置[图6-2(b)]。

② 单向多道辐照装置。该装置采用样品重叠技术,辐射源固定,样品由传送系统带动作平行板源面的单向水平运动,亦可采用单板双道单向运输样品装置(图6-3)。

③ 帘式扫描辐照装置。通常为电子加速器或 X 光机辐照装置。辐射源为固定的线源,而样品包被传送系统带动沿垂直于线源方向作水平运动,实现扫描辐照(图6-4)。该装置亦可分为单向单道加速器辐照装置、双向多道加速器辐照装置。

4. 影响宝石辐照改色的因素

(1) 宝石本身的成分和晶体结构

天然宝石中因微量杂质元素类质同象替换占据晶格位,常引起晶体结构发生位错,产生各种缺陷,就为辐照产生电荷缺陷色心提供了基本条件。

不同的宝石,其天然缺陷的类型、分布均匀性、密度等都不同。在同等辐照条件下可产生不同的改色效果。

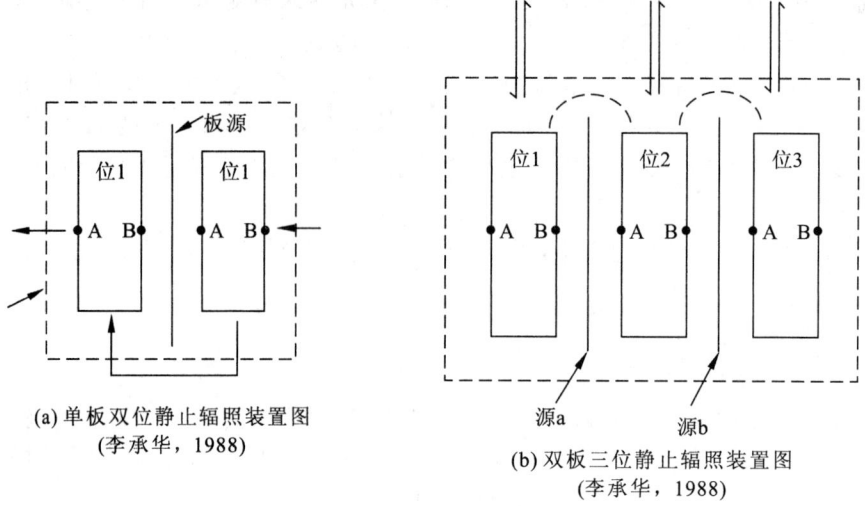

(a) 单板双位静止辐照装置图
(李承华, 1988)

(b) 双板三位静止辐照装置图
(李承华, 1988)

图 6-2 辐照装置图

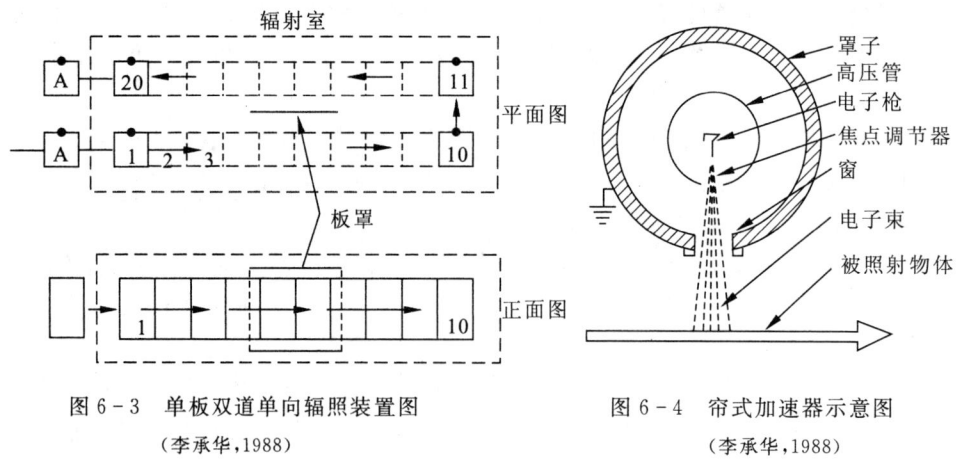

图 6-3 单板双道单向辐照装置图
(李承华, 1988)

图 6-4 帘式加速器示意图
(李承华, 1988)

(2) 辐射类型

不同辐射类型粒子的质量和能量是不同的，所以它们对宝石的作用就有一定的差异。相对而言，重带电粒子的辐射能量较大，辐射效应强烈，穿透力较小，只能在宝石浅表层起作用，所产生的颜色不太均匀；高能粒子的能量很小，若能量较高时其穿透力较强。因此 β 射线辐照产生的宝石颜色层比较深，但颜色不太均匀；电磁辐射的穿透力极强，产生的颜色较均匀，但辐射能量较低；中子束质量中等，能量大，穿透能力较强，辐照的颜色较均匀，但中子辐照易诱生放射性。不同类型的辐射源,对宝石改色各有利弊,所以在对宝石辐照时应根据宝石样品不同需要选择辐射源(表6-10)。

表6-10 宝石致色的辐射源特征(据 K. Nassau,1984)

辐射类型		产生能量范围	颜色均匀程度	所需电能量	诱生放射性	局部温度
电磁波	可见光	2~3(eV)	多色	低	无	无
	紫外线	5(eV)	多色	低	无	无
	X射线	10^4(eV)	不好	中等	无	无
	γ射线	10^6(eV)	好	不需	无	无
	中子	10^6(eV)	好	很高	有	无
负电粒子	β射线	10^6(eV)	不好	高	无	很强
	高能电子	10^7(eV)	不好	高	有	很强
正电粒子	质子、α射线、氚粒子等	10^7(eV)	不好	高	有	局部

(3)辐照功率和宝石吸收剂量

辐照功率(辐照源强度)对宝石的辐照效应影响很大,功率愈大,辐照效应就愈强烈。二者关系如下:

$$P = Q \cdot D / 3600 \cdot \varepsilon$$

式中:P为辐照功率(kw);Q为处理能力($kg \cdot h^{-1}$);D是最低吸收剂量(KGY);ε是辐照效率,是辐照一定时间间隔内宝石产生改色效应所吸收的能量($E0$)与辐射源发射的总能量(Es)的比值,即$\varepsilon = E0/Es$。

另外,宝石辐照改色效果的好坏,还与宝石吸收剂量不均匀度(μ)有关。不均匀度是宝石最大吸收剂量(D_{max})与最小剂量(D_{mim})的比值,即$\mu = D_{max}/D_{mim}$。

μ与辐射的穿透能力,辐射源与宝石之间的几何排布,宝石的成分、形状、大小等有关。

5. 辐照监控

辐射对人体可造成严重伤害,因此从事宝石辐照处理工作的单位和人员尤应注意。只要按照国家有关辐射防护安全的规定,运用适当防护措施,辐射的危害是可以减小和防止的。

实际上,我们人类就生活在一个辐射环境中,每个人都不可避免的承受着来自宇宙射线和地球生物圈中微量放射性元素产生的自然辐射作用。这些自然辐照的剂量当量在通常情况下对人体是安全的。但在强辐射场中的工作人员、工作环境和辐照处理的宝石必须进行辐射环境监测和对射线的防护控制,以免伤及人体。

(三)热-辐照工艺

这是放射性辐照和热处理的综合方法。它包括热-重带电粒子辐照、热-高能电子辐照、热-电磁辐照和热-中子辐照。

用电离辐射对宝石辐照改变的颜色,有时不稳定,遇到光和热容易褪色。这是由于有些色心不稳定所致。热处理常常是辐照处理的反作用。如辐照使晶体产生结构缺陷形成的致色色心,加热处理则可部分或全部修复结构缺陷,改变或褪掉颜色。因此,在辐照处理宝石中只有产生永久性的颜色才是改善宝石的重要技术指标。而那些短期存在的不稳定颜色,人们常用低温加热的方式去掉不稳定色心,保留稳定色心。故在低温加热后,常有颜色的变化。如托帕石可从棕褐色变成蓝色,水晶可从茶色变成黄色等。加热的温度掌握得不好,还会使宝石完全褪色,恢复辐照前的颜色(图6-5至图6-6)。

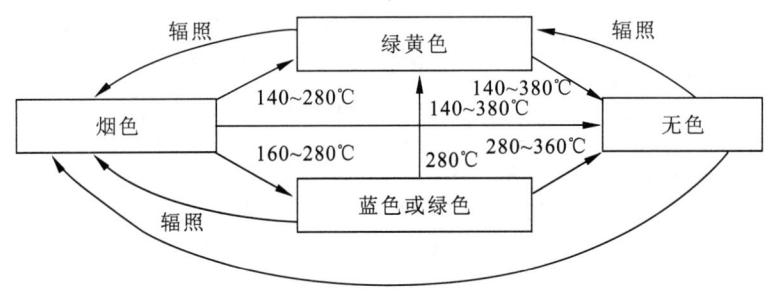

图6-5 烟晶加热与辐射的颜色变化图

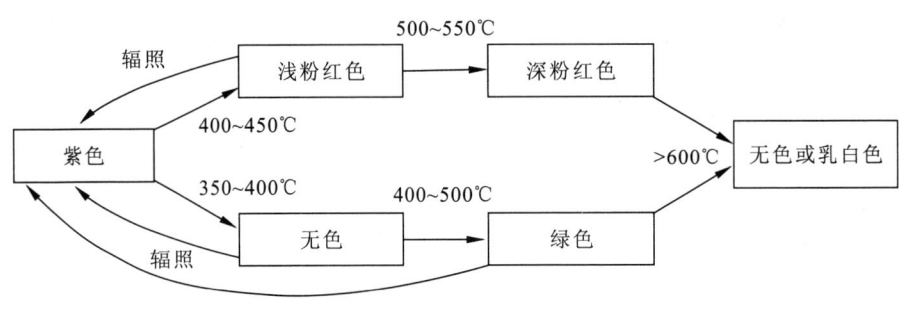

图6-6 紫晶加热和辐照颜色变化图

二、化学反应

为提高宝石的美学和商业价值,除采用能量活化改善外,还常常用各种化学或物理化学方法来改善宝石的外观特征,以获得更加美丽的宝石。

我们知道,宝石是化学元素在一定条件下经过系列化学反应得到的结晶体。元素在晶体中的价态、含量及存在形式,是宝石呈色的物质基础,如 Cr^{3+} 在翡翠中使翡翠呈绿色,在刚玉中使刚玉呈红色。因此,宝石改善工艺中的化学反应方法,就是采用各种方式将某种致色物质(元素、化合物)进入宝石晶格中或沉覆到宝石空隙内和表面上,使宝石外观得以改善。

宝石外观特征改善的化学反应工艺,既有传统的也有现代的。目前常用的大致可分为热扩散、净化与漂白、化学沉淀三种类型。

(一)热扩散工艺

利用热扩散技术可对宝石外观进行大规模改善。此工艺始于 20 世纪中期,主要是用来处理能量活化改善效果不佳的刚玉类宝石。进入 21 世纪后,该法得到了广泛应用。

热扩散技术是化学反应中的一种改善宝石外观的方法,它是将致色物质在高温或超高温条件下,以扩散的方式渗入宝石中,来改变宝石内致色元素的种类、含量、元素之间比例,使宝石的颜色、透明度等得以改善。

1. 热扩散条件

宝石热扩散处理,实质上就是让渗入元素与宝石元素以类质同像方式互相置换,在固体状态下使宝石外观得以改变。

所谓类质同像,是当宝石内部结构中某种质点(原子、离子或分子)被渗入的他种类似的质点所代替(置换),并不改变结构形式,仅使晶格常数发生不大的变化。类质同像置换后宝石是一种固溶体。这种在固态条件下,一种组分溶于另一种组分之中而形成的均匀固体,既可通过质点置换而形成"置换固溶体",也可通过某种质点侵入他种质点的晶格空隙(结构缺陷)而形成"侵入固溶体"。在这种固溶体(也称类质同像混晶)中,若 A、B 两种质点可以任意比例相互置换,它们可形成一个连续的类质同像系列,称为完全类质同像系列;如 A、B 两种质点的相互置换局限于一个有限范围内,则称为不完全类质同像系列。

根据相互置换的质点的电价是否相同,类质同像分别称为等价类质同像和异价类质同像。

形成类质同像置换的原因,一方面取决于质点本身的性质,如原子、离子半径大小、电价、离子类型、化学键性、晶体结构等;另一方面取决于外部条件,如形成置换的温度、压力、介质条件等。

(1)内部条件

①原子和离子半径:从几何学角度来考虑,相互置换的原子和离子,其半径应当相近。若以 r_1 和 r_2 分别代表较大和较小的离子半径,则:

a. $(r_1 - r_2)/r_2 < 15\%$ 时,一般形成完全的类质同像置换;

b. $(r_1-r_2)/r_2$ 在 15%～25% 范围内时,在高温下形成完全类质同像置换,温度下降时,固溶体发生离溶;

c. 当 $(r_1-r_2)/r_2 > 30\%$ 时,即使在高温下也只能形成不完全的类质同像,而在低温下则不能形成类质同像。

②总电价平衡:在类质同像置换过程中,必须保持总电价的平衡。在总电价平衡的条件下,类质同像的置换可以有不同的方式:

a. 简单的置换:如在 $Mg[CO_3]$—$Fe[CO_3]$ 中的 Mg^{2+} 和 Fe^{2+} 的置换;

b. 成对的置换:可以是异价离子之间成对的置换,如蓝宝石中 $Ti^{4+}+Fe^{2+}$ 置换两个 Al^{3+};

c. 不等量的置换:可以是较少的高价阳离子与较低的低价阳离子之间的置换,如云母中 Mg^{2+}、Al^{3+} 间以 $2Al^{3+}\to 3Mg^{2+}$ 方式置换;亦可是带有附加离子的置换,如在萤石中可出现 $Ca^{2+}\to Y^{3+}+F^-$ 方式的置换。

③离子类型和化学键:离子类型不同,化学键不同,则它们之间的类质同像置换就不易实现,如六次配位的 Ca^{2+} 和 Hg^{2+} 的半径相近(分别为 0.100nm 和 0.102nm),电价相同,但因离子类型不同(Ca 为离子键,Hg 为共价键),所以它们之间一般不出现类质同像置换。与此相反,Al^{3+} 和 Si^{4+} 均为惰性气体型离子(离子键),它们的半径差值比为 $(r_{Al^{3+}}-r_{Si^{4+}})/r_{Si^{4+}}=(0.039-0.026)/0.026=50\%$,但在斜长石中它们状态相似,均与 O^{2-} 形成半离子键半共价键相结合,且 Si—O 与 Al—O 间距分别为 0.161nm 和 0.176nm,二者较为接近,从而使 Al^{3+} 可置换 Si^{4+}(四面体配位)。

在宝石晶体结构中,阳离子配位数多为六和四,故形成了如八面体、四面体和正方体等不同的配位多面体,渗入元素离子喜欢进入晶体场稳定能大的配位多面体。

④晶体结构:热扩散处理时,致色离子渗入宝石中的难易程度,与宝石的晶体结构中原子排列的紧密程度和宝石中结构缺陷有无及缺陷类型有密切关系。如果晶体结构中原子排列愈紧密,其晶格能就愈大,渗剂中致色离子进行类质同像置换难度就愈大,加上晶体宝石的各向异向性,使得扩散速度及扩散层厚度出现一定的差异,导致改善宝石颜色的不均匀。

宝石中存在的位错、空位等结构缺陷是致色元素进入扩散的通道,尤其是位错中的线位错和面位错,致色元素的类质同像置换系数和置换速度要比晶体内正常晶格位置的大得多。为加快扩散速度和形成较厚的扩散层,可在热扩散处理之前,用能量活化技术(辐照)使宝石产生和增加结构缺陷,这不仅有利于致色元素扩散,还可降低热扩散的温度。

(2)外部条件

①温度与时间：温度对致色离子向宝石内部渗入速度非常重要。温度增高有利于类质同像的产生，而温度降低则将限制类质同像的范围，并促使类质同像混晶发生分解。在热扩散系统中，致色元素中能参加类质同像置换反应的只是那些能量大于等于 Ea 的离子或原子，这些活性元素离子数量越多，渗入扩散作用越强。热扩散所需温度应控制在既有利于扩散速度加快，而又不破坏宝石结构的范围。对大多数宝石来说，热扩散所需温度在 800℃ 以上。

实验证明，渗入元素在宝石内进行类质同像置换的扩散层厚度(δ)与热扩散的时间(t)的关系，可以 $\delta^2 = K^2 D_0 t$ 公式来表示。式中 K 为与扩散层截止处渗入元素浓度有关的常数（通常取 1），D_0 为扩散常数，t 为扩散时间（单位为 h）。

由式中可以看出，扩散层厚度的平方与时间成正比，二者呈抛物曲线关系。扩散层厚度总体上随扩散时间延长而增加，但呈现出明显的扩散时间递减规律。也就是说，当时间到达一定阶段后，继续延长扩散时间，效果不明显，在经济上也不合算。

②压力：一般来说，压力的增大将限制类质同像置换范围，并促使其离溶。因此，用热扩散工艺改善宝石外观特征时，反应的压力是不高的。但对压力这一问题，尚待进一步研究。

③介质：在热扩散处理宝石时，需把宝石放入含有致色元素的介质中进行类质同像置换反应。这种介质业界常称为扩散剂，或渗剂。

扩散剂可为固态、液态或气态，它由三部分组成，一种是能渗入宝石中进入类质同像置换的致色元素氧化物（离子、无机盐）；一种是活化剂（卤化物、氟化物），其作用是在高温下与渗入元素氧化物反应生成渗入元素的活性离子或离子团，以利于致色离子向宝石内部渗透；还能在宝石表面与宝石发生界面反应，使宝石表面原子活性增强，表面能加大，从而强化宝石表面对渗入元素的吸附能力。另一种是充填剂（氧化铝粉、高岭石粉），用来防止扩散剂在高温下发生烧结。

不同种类宝石，需选择不同的扩散剂及其配方。在选择扩散剂时，应根据宝石的种类、成分和致色机理，选择适于热扩散温度、活化剂熔点及氧化还原条件的扩散剂配方。

2. 热扩散方式

在热扩散过程中，将发生一系列化学反应。在高热气氛下，宝石本身热胀活化，如晶格扩张、晶胞参数增大、原子和空位的位移（在宝石内部或表面游动，有的流出晶格进入扩散剂）；多成分的扩散剂（固体粉末或颗粒）也变成流体，发生高温化学反应，如置换反应、氧化反应、还原反应、热解反应等，产生活性致色离子、各种气体与新的化合物。在高温环境中，受热的宝石与受热的扩散剂，二者首先在界面上发生化学置换反应,反应生成物首先聚集在宝石表面。这种双向置换(扩散)由于发生在界面(即宝石外面)称为外扩散。

这种双交代生成物在高温条件下,可引起界面对其吸附并与界面反应,使得扩散剂中的活化物趁机向宝石表层及内部渗入,占据扩张的晶格中原子或结构空位的位置,即向宝石内部扩散。这种类质同像置换,称为内扩散。

致色离子向宝石内部扩散的方式有两种,即置换式扩散和空位式(孔隙式)扩散。

(1)置换式扩散

渗入宝石内的致色离子,首先与宝石表面的活性离子发生置换反应,进入宝石表层,然后逐步向宝石内部进行占位,直至不可深入的部位。

(2)空位式扩散

宝石晶体内部,常有许多结构缺陷(线缺陷、面缺陷)和空位(阳离子空位、阴离子空位),还有因应力作用形成的孔隙、裂隙,以及在高温条件下活性扩散剂对宝石表面(表层)腐蚀作用,使得宝石的活性元素脱离晶格势垒进入介质而留下空位,都给渗剂中的致色原子(离子)进入宝石内部提供了空间位置。致色离子先占据宝石表面空位,继而占据宝石表层空位,最后向宝石深部邻近的空位迁移,直至达到热扩散的目的。

3. 热扩散类型

目前热扩散工艺有两种,一种是表面扩散,一种是体扩散。多应用于红(蓝)宝石改善,一般以改善产生所需颜色或产生星光效应。

(1)表面扩散

其处理方法大致为,在磨成刻面宝石坯料的表面涂覆以氧化铝和致色剂(Fe、Ti、Cr、Ni 等氧化物)的扩散剂,在超高温条件下(1 800～2 000℃)进行加热处理,促使致色元素从宝石表面向宝石内部扩散,从而形成一个很薄的有色扩散层。若覆以 Fe、Ti 致色元素的扩散剂可形成蓝色薄层,若覆以 Cr 致色元素的扩散剂则呈红色薄层,若覆以 Cr、Ni 致色元素的扩散剂而形成橙黄色薄层。

(2)体扩散

近些年,市场上出现的橙红色-橙黄色蓝宝石,据悉由铍扩散所致。它与表面扩散不同,在热扩散中用的扩散剂是铍化合物,处理后扩散层厚度较大,甚至整体着色。除了超高温(1 800～1 950℃)增氧(当环境中氧的分压大于晶体中的氧分压时,外来的氧原子沿空位向晶体内扩散)和铍活化剂是致色的主要外因外,超高温条件下诱生的晶格缺陷(Be^{2+} 离子等价或不等价置换 Mg^{2+}、Al^{3+},在替位过程中容易产生大量的阳离子空位)是致色的主要内因。实际上,Be 不是致色元素,它起到一种类似活化剂或拓展空位的作用。

4. 热扩散工艺

热扩散工艺，不仅能改善单晶体宝石（矿物），亦可用于改善多晶集合体（玉石、有机宝石）。据悉，热扩散工艺有 10 多种方法，但目前常用的有下面几种：

(1) 粉末包渗法

①原理：在高温条件下，宝石结构中的元素与扩散剂中的致色元素发生类质同像置换反应，改善宝石色泽外观。

②方法：将宝石的成品或半成品，埋入盛有扩散剂粉末的耐高温容器中，然后密封容器，加热直至内扩散不再进行为止。

③设备：加热装置和设备，与热能工艺基本相同。容器多用耐高温坩埚、铂金坩埚或内衬铂金外套不锈钢的高温高压釜。

④优缺点：优点是设备简单，操作方便，适用于各种款式宝石的热扩散。如泰国在处理刚玉宝石时，将 2%～4% 的金绿宝石粉末与高纯度氧化铝粉末混合，然后将宝石埋在其中，在 1 780℃ 的氧化气氛下加热，加热时间为 60～100h，即可获得扩散到整个宝石的黄色、金黄色或橙色色调。

该法的缺点是，容器容积小，处理宝石量有限；同时扩散剂的腐蚀作用强，而且在扩散过程中无法控制气氛和压力。

(2) 盐浴法

①原理：盐浴法亦称热浸法或熔盐法，该法是将宝石浸没在熔化的扩散剂中，在高温下使二者发生类质同像置换反应，用来改善宝石的外观特征。

②方法：先把扩散剂放在盐浴池中加热，熔化成熔融状流体，再把宝石浸入流体中，在可控气氛（氧化或还原）条件下，进行热扩散处理。

③设备：盐浴法装置主要是盐浴炉和盐浴池。加热用的盐浴炉可以是燃煤炉或燃气炉，也可用电炉；盐浴池是用耐火材料砌成的，耐火度在 1 500℃ 以上，有较强的耐酸碱腐蚀的性质，如刚玉砖（Al_2O_3>72%，耐火度为 1 840～1 850℃），高铝砖（Al_2O_3>48%，耐火度为 1 750～1 790℃）。

④优缺点：优点是设备简单，容易操作，扩散速度较快，效率较高，对各种款式宝石都可进行处理。

缺点是扩散剂熔盐密度较大，黏度也较大，往往在宝石的不同的部位形成不同厚度的扩散层；另外，熔盐的腐蚀性较强，并易产生大量的有害气体，对环境有污染，对人体也有一定程度的危害，需要防护。

(3) 熔烧法

①原理：宝石与涂覆于其表面的扩散剂浆料在高温下发生化学类质同像置换反应，使宝石外观特征得以改善。

②方法：先把扩散剂制成浆料，均匀涂敷于宝石表面，放入烘箱内干燥，然后置

于热处理炉中,在惰性气体或真空气氛下,以稍高于浆料熔点的温度加热烧结,使宝石与扩散剂通过液-固二相发生类质同像置换,在宝石表层形成扩散层而致色。如用铍改善刚玉宝石时,在含有硼、磷的助熔剂中加入 2%～4% 金绿宝石($BeAlO_4$)粉末(引入铍离子)制成浆料涂在刚玉类宝石上,置于氧化气氛下经 25h 加热 1 800℃,就可获得迷人的黄色至橙色,该方法还把粉红色、棕红色宝石改善成绚丽的红宝石,把深色蓝宝石颜色变浅(表 6-11)。

表 6-11　铍热扩散刚玉宝石的颜色

改善前	改善后
无色	黄色到橙黄色
粉红色	橙黄色－粉红色到橙黄色
暗红色	鲜红色到橙黄色－红色
黄色－绿色	黄色
蓝色	黄色或没有明显变化
紫色	橙黄色到红色

(二)净化与漂白工艺

净化与漂白是化学反应中的一种工艺,与热扩散工艺不同,它是通过化学反应消除宝石中影响美观的物质,而不是像热扩散工艺去增加致色物质。

但净化与漂白又是两种不同的宝石改善工艺,净化是去脏显色,漂白则是褪色增白。另外,净化主要应用于天然玉石,漂白则主要用于有机宝石。

1. 净化工艺

(1)原理

赋存于玉石或宝石开放裂隙的赃物杂质,与具有强溶蚀性能的净化剂发生化学反应,形成溶质而脱离载体,宝玉石得以净化,体色显现,透明度改观。故有"去脏增水"之说。

(2)净化过程

用各种强酸,如浓硝酸、浓盐酸、浓硫酸或王水等作净化剂,有些宝玉石还需用强碱作净化剂去中和残留在宝玉石中的强酸。将宝玉石坯料置于耐酸蚀的容器,然后注入净化剂。净化剂通过裂纹和孔隙或晶粒间隙进入宝石中,宝石空隙中的赃物杂质被溶蚀分解。最后把含有溶蚀物的净化剂用清水冲去,必要时可用强碱把残留强酸中和,再用清水冲洗净。为缩短净化时间,可先将宝玉石放在密封容器中抽成真空,然后注入净化剂。

(3)设备

净化工艺所需装置简单,一般用一个玻璃皿就行。为加快净化速度,还需一个普通烘箱,恒温水浴或恒温油槽,用以加热。

(4)净化方法

①强酸强碱净化法。净化所用的净化剂,主要是各种强酸,如浓硝酸、浓盐酸和浓硫酸,有时用王水。有些宝石的净化需用强碱或中和强酸法净化中残留的酸。

②净化熔合法。该法是先用强酸溶蚀宝石中的脏物,使裂隙和孔隙净化。但在净化同时,裂隙、孔隙、晶间隙亦被扩溶和增加,使宝石结构疏松。因此,净化后的宝石需在高温高压条件下,使裂隙自动熔合,或注入玻璃、塑脂等填充剂,固结宝石。在热处理过程中填入诸如硼砂及多聚磷酸盐等弱助熔剂性的化学涂填物,呈流体状沿宝石裂隙处渗入并沿裂隙面两侧发生局部熔合,形成一种多成分混合的次生熔融体,随降温而发生分离结晶,最终使裂隙愈合。

(5)净化特点

该法处理结果,外观上可使宝石的颜色变得比原来纯净,体色更显鲜艳,透明度得以提高。

缺点是,强酸强碱在溶蚀赃物杂质的同时,也对宝玉石本身有一定的溶蚀破坏作用,裂纹加宽,孔隙增大甚至连通,从而造成宝玉石结构松散,易破裂,必须加以固结处理。另外,净化剂有极强的腐蚀性,净化处理时需严格按操作规程进行,注意人身安全。

2.漂白工艺

(1)原理:漂白是一种氧化反应,其原理与有机染料着色剂的化学漂白类似。宝石中有机成分里往往有一些生色团使宝石生色,当漂白剂中的强氧化剂与此接触相结合时,生色团中双键的 π 组分被打破,从而导致有机物失去颜色。

(2)工艺:漂白工艺有两种:化学漂白、光学漂白。

①化学漂白法,是用漂白剂对宝石进行化学反应达到改善宝石颜色的目的。漂白剂是一些强氧化剂,如氯气、次氯酸盐类、过氧化氢(双氧水)、亚硫酸盐等化学试剂。处理宝石主要是一些含有机物质成分的宝石(珍珠、珊瑚、象牙等),另外木变石、虎晴石等也可进行化学漂白处理。但应注意,在进行化学漂白时不能使宝石中的有机物成分和水分遭到破坏和失去,因此漂白剂的配比十分重要,强氧化剂浓度一般在 2%~5% 范围较好。同时漂白时间亦不宜太长。

化学漂白装置较简单,主要由真空泵、玻璃容器、抽洗瓶及胶皮管等组成。工艺流程如下:

a.把宝石放入盛有漂白液的抽洗瓶内,并将瓶内抽成真空;

b.漂浸一段时间,取出宝石,洗净;

c.换漂洗液继续漂浸,取出宝石清洗。直至漂白出满意的结果。

化学漂白后的颜色往往不太稳定。这既与宝石中有机物的生色团结构有关,亦与漂白剂成分有关。如珍珠漂白后可以变得很白,但佩戴一段时间就会变黄。不过,再次漂白又可获得较白的效果。

②光照褪色亦叫日光漂白,是光合作用的一种氧化反应。许多物体的颜色在光照或光照加温条件下会褪色或变色,尤其是含有机质成分的宝石。

(三)化学沉淀工艺

化学沉淀改善宝石颜色的方法有盐溶浸泡法和色液热解法两种。所谓化学沉淀法,是通过含有着色物质组分的溶液在宝石表面或宝石裂隙和孔隙中发生某种化学反应,沉淀出不溶性的有色物质,附着于宝石表面或裂隙和孔隙壁上,从而使宝石着色。附着于宝石的不溶沉淀着色剂主要是一些无机颜料,如氧化铁、氧化铬等不溶性化合物,以及金属硫化物和其他金属含氧酸盐。有些宝石的化学染色,也用一些有机染料,如靛蓝等(表6-12)。

表6-12 常用化学染色颜料

料色	颜料种类
白色	钛白粉、硫酸钡、铅白、锌白
黄—褐色	镉黄($PbCrO_4 + PbSO_4$)、铅黄、拿甫黄[$Pb_3(SO_4)_2$]、雄黄、范代克褐
红色	镉红、铅丹、红铅、雄黄、铁红、中国红(HgS)茜素红、胭脂虫红(稳定的金属络合有机化合物)
蓝色	蓝铜矿、钴蓝($CoAl_2O_4$)、靛蓝(稳定有机颜料)、铁篮(含水含铁的化合物)、普鲁士蓝$\{Fe_4[Fe(CN)_6]_3\} \cdot 16H_2O\}$
紫色	钴紫($Co_3P_2O_8$)、锰紫($NH_4MnP_4O_7$)
绿色	铬绿(Cr_2O_3)、钴绿($Co_{1-x}Zn_xO$)、翡翠绿[$Cu_9(CH_3COO)$]$_2As_2O_4$、孔雀石、铜绿[$Cu_2(CO_3COO)_2(OH)_2$]、亚砷酸氢铜绿($CuHAsO_3$)
黑色	骨灰、碳黑、铜铬黑($CuCr_2O_4$)、氧化铁黑、银黑(Ag_2S)

1.盐溶浸泡法

用可溶性的着色金属盐溶液浸泡宝石,让溶液渗入宝石裂隙和孔隙或凹坑中,然后加热,使溶液发生分解,沉淀出不溶性着色物质,使宝石着色,或者再把宝石浸泡在另一种溶液中让两种溶液发生化学反应,沉淀出有色物质。

前一种方法常用于珍珠着色:用硝酸银溶液浸泡珍珠,浸透后取出珍珠,加热或强光照射,使硝酸银液发生分解而沉淀出黑色氧化银附着于珍珠上。

后一种方法可用于玛瑙染色:先用三氯化铁溶液浸泡玛瑙,然后再把玛瑙浸入氨水中,两种溶液发生化学反应,沉淀出红色 Fe_2O_3 附着于玛瑙的裂隙和孔隙壁上,使玛瑙体色呈红色。具体反应为:

$$FeCl_3 + 3NH_4OH \longrightarrow Fe(OH)_3\downarrow + 3NH_4Cl$$

$$2Fe(OH)_3 \xrightarrow{加热} Fe_2O_3 + 3H_2O\uparrow$$

2. 色液热解法

将颜料溶于溶剂中制成染色液,再将宝石浸泡其中。待染色液充分渗入宝石的裂隙和孔隙内后,通过加热时溶液蒸发,颜料沉淀在宝石的缝隙内,使宝石着色。

(四)化学沉淀法特点

化学沉淀法,虽能使宝石着色,但着色物均沉淀于宝石的孔隙和裂隙之中,分布不匀,较易脱落。为使化学沉淀法着色的宝石不至脱色,还要对宝石进行表面覆盖处理。另外,为加快染色效率和加大染色层染色深度,可用真空泵抽洗装置。在通常情况下,还需加热装置。

化学反应工艺改善的宝石,因改善工艺不同,各自又具有特有的鉴别特征(表6-13)。

表6-13 化学反应工艺鉴别特征

特征 方法	瑕疵	密度 (g/cm^3)	吸收光谱	折射率	偏光性	热针探测
热扩散	在宝石表面的空穴及裂隙出现渗色层,色层薄而且向宝石内部色变浅	无变化	有一定差异	无变化	无变化	无变化
漂白	颜色不均匀	无变化	有变化	微有变化	无变化	无变化
净化与充填	宝石表面层出现熔蚀纹,基底洁净,色形纹乱。原裂隙扩容;异物充填,可有气泡,流纹。有闪光效应	降低	充填物特殊吸收谱	有变化	充填物全消光	出溶气味
化学沉淀反应	宝石孔隙中有着色物	不明显	有沉淀物特征吸收光谱	微有变化	丝状充填物全消光	无变化

三、物理修饰

物理修饰法在宝石改善中占有重要地位，而且历史悠久。常见的方法有孔隙注入、表面遮盖和除杂掩脏三大类。

（一）孔隙注入

该法广泛用于多孔隙或多裂隙的宝石染色。其特点是把无色透明或有色物质注入宝石的裂隙、孔隙或空洞之中达到改善宝石的目的。用来改善宝石颜色状况，提高宝石透明度，增强宝石的稳固性和掩盖宝石的各种缺陷。

依注入剂颜色不同分为无色注入和有色注入两种。无色注入剂有石蜡、植物油、无色油、无色塑料、玻璃（冕牌玻璃和焊接用玻璃）及硅胶等，可以改善宝石的颜色状态、提高透明度、隐蔽孔隙、加固结构。

有色注入剂由填充剂和着色剂两部分组成。其填充剂与无色注入剂相同，而着色剂分有机染料和颜料（无机化合物及少数有机化合物）。着色剂和填充料混合制成各种不同颜色的注入剂，注入宝石的裂隙和孔隙、空洞中，使宝石的颜色发生变化，不仅色度加深，色亮度也会增大。

注入法改善宝石的目的不同，它所要求的工艺条件往往有所不同。其基本条件是：宝石必须具有天然的或人工的孔隙结构，注入过程中需要一定的温度和注入时间，而且最好采用真空注入法。

具体的注入方法可分为以下几种：

1. 静态注入法

在常温常压下，把宝石浸泡于盛有无色和有色注入油、含有机染料的胶合剂等的玻璃烧杯中，让注入剂慢慢地渗入宝石中。必要时可搅拌一下，以免产生凝聚或沉淀作用。

2. 热注入法

该法是在加热条件下，将固态的树脂、玻璃等注入剂熔化成流体，然后把预热的宝石浸入其中，让注入剂充填裂隙和孔隙。热注入法的装置由玻璃容器或瓷坩埚和热恒温箱组成。

3. 高压注入法

该法是在热注入法基础上发展起来的。近年来，真空注入法亦被使用。它是把宝石和注入剂一起放入密封的玻璃瓶中，抽真空，然后加热。使注入剂熔化并浸没已被浸热的宝石，在大气压作用下浸入宝石，达到改善目的。

（二）表面遮盖

表面处理，主要是用一些无色或有色的薄膜状物质均匀附着于宝石表面，以求达到改善宝石颜色，表面光洁度，增强表面光泽与掩盖宝石表面缺陷（坑、裂、擦痕等)的目的。

表面处理方法很多,主要有以下几种。

1. 涂覆法

亦称涂层法,是在宝石表面涂上某种化学试剂、染料或各种薄膜等涂料类物质,以改变或提高宝石的色彩、光洁度和光泽,掩盖表面缺陷(坑、裂擦痕等)的技术。俗称"穿衣"。

①涂层原料:蜡、油漆、无色清油及混合染料的各种树脂等。如"穿衣"翡翠的原料为英国产的808翠绿胶。

②对涂层的工艺要求:涂层尽量厚薄均匀,表面光洁度高,不含明显的杂物。

2. 镀膜法

该表面处理是,在宝石表面镀上一层极薄(分子或原子层次以上的几纳米到几百纳米)的膜,而且易产生光的折射作用,从而出现亮丽的干涉色,达到表面改善的目的。填平宝石表面的坑点、擦痕等使表面极为光洁、平整,提高宝石表面光泽度,增加宝石的颜色浓度或加色而不影响宝石的透明度。

①方法:一般在真空镀膜机中进行。将净品(酸或碱清洗后)置于镀膜机底板上,产生薄膜的金属片放在阴极上,抽真空,再用触发器触发阴极,引起阳极和阴极间的弧光放电,将阴极(金属)材料蒸发到放电室中形成等离子态,被镀覆在宝石表面,形成薄膜。

②材料:Au、Ag、Cu、Cr、Ni等金属。其中Au的薄膜微带蓝色调,具极强的彩虹效果。

③特点:金属镀膜层的厚度与光波波长相近,光线照射到薄膜表面的反射光与照射到宝石表面的反射光因会发生干涉作用,可使人看到鲜亮的彩虹闪光现象。因此镀膜可使无色透明宝石(水晶、黄玉、钻石等)变成浅彩色的具虹彩效应的宝石。如金膜可使水晶、黄玉呈蓝色。金刚石镀膜后,不仅产生美丽的虹彩效应,提高宝石表面光泽度,还可以增加宝石表面的硬度和耐磨、耐蚀性。

另外,水热法晶体生长技术亦已用于表面镀膜,这种晶体膜的成分和结构与宝石相同。

3. 表面离子植入法

该法是利用金属蒸气、真空弧等设备产生的高能高速离子植入到宝石表面及很浅的表层,使宝石表面改变颜色的方法。它与热扩散工艺不同。

①方法:以宝石为衬底材料(阳极),植入离子的金属材料为阴极,用能发器触发阴极,引起阳极与阴极间产生弧光放电,从而将金属材料蒸发到放电室中被电离形成正离子,这些离子通过阳极和多孔的引出极形成宽的金属离子束,再经加速电压加速而打入宝石表面。

②材料：Fe、Co、Cr、Ti 等。

③特点：一般经此方法处理的样品颜色不好看(大多呈灰白色或灰褐色)，需经过一次或几次热处理才能使颜色变好看。

4. 附生法

附生法亦叫表面宝石生长法。它是在宝石表面用人工合成宝石的方法生长一层很薄的宝石(同成分、同性质)，从而使宝石的颜色变得更漂亮、质量更好，达到改善的目的。

①方法：水热法、助熔剂法。

②材料：为组成被改善宝石的物质、着色剂等。

③特点：漂亮颜色仅在宝石表面很薄的一层，而且是合成宝石材料，具合成宝石特征。

5. 贴箔法

该法是将一薄膜或薄片状金属或有机物，粘贴到宝石(透明的)底面，以增强其反光强度，达到改善宝石颜色、光泽等的技术。

这是一种较古老的技术，现已少用。

(三)除杂掩脏

除杂是用激光打孔除去杂质。为提高宝石净度，用较大功率的激光器，将激光聚集到宝石上，较高能量的激光将宝石打出一个洞，直达宝石内含物(色体、裂隙等)位置，从而净化宝石。然后再用与宝石颜色和折射率相类似的物质充填孔洞，达到改善宝石外观的目的。该法主要用于钻石的改善。

掩脏是用表面涂层法掩盖宝石瑕疵，亦可在宝石切磨加工时，使瑕疵位于琢型的边部或不显眼的地方，在镶嵌时用金属托架遮盖住(表6-14)。

表6-14 物理修饰工艺特征

特征 类型	内部特征	外部特征
孔隙注入	(1)注入剂分布于宝石表层的孔隙及裂隙中 (2)注入剂与宝石的接触界限明显 (3)可有微细的气泡	(1)注入剂分布不均匀，呈点状、斑状、丝状随机分布 (2)有机注入剂，热针探之"出汗"试剂拭之掉色
表面遮盖	(1)涂层物料充填宝石表层及孔隙裂隙，有气泡 (2)镀膜具虹彩效应，在宝石棱角处有彩色晕圈，镀膜与宝石界限清楚，抗热、抗酸碱；附着牢固，具特有的吸收光谱	(1)涂层表面可有细波纹及细擦痕，蜡状光泽，手触有涩感，热针探之可"出汗"有气味，刮之易脱落 (2)镀膜针刺见划痕，可脱落，反射光下可见不规则物

续表 6-14

特征 类型	内部特征	外部特征
表面遮盖	(3)贴箔薄膜位于透明宝石底面,与宝石色差明显,黏贴缝隙及边缘有气泡 (4)植入离子呈微粒薄层状分布于宝石表层,具特殊色泽与吸收光谱 (5)附生物为合成宝石,呈薄层(一般为 0.1～0.3mm)生长在宝石表面,在与宝石接触位置可见合成宝石时的籽晶表面特征	(3)贴箔宝石,均采用金属包镶,侧面与正面观察宝石的色泽差别大或完全不同 (4)色层薄,在宝石孔隙裂隙处色深。切磨之可脱落 (5)附生法生长物是合成宝石
除杂掩脏	(1)孔壁有杂质残留 (2)填孔物与宝石不同 (3)有气泡,流纹 (4)孔壁可出现灼熔玻璃质	(1)激光孔口因填充物收缩而呈现凹面 (2)平行充填开口处可见与宝石异色现象("发红"迹象) (3)将宝石投入特制的"沸液"或高温煮沸,填充物呈玻璃体显现出来

第三节 改善宝石特征

一、改善钻石特征

价高利厚的钻石,大多数都或多或少带有这样或那样的缺陷,如净度不高,颜色不佳,颗粒太小等,为提高其售价,人们就千方百计地寻求改善钻石的方法。

(一)充填钻石

将无色透明、高折射率、硬度大、熔点低的铅玻璃等非晶质物充填于钻石裂隙内,可掩盖裂隙,提高净度,从而追求较高利润。

异物加注是充填钻石的特征,其表现形式在于:

1. 闪光效应

充填物沿裂隙注入后,在显微镜下沿裂隙方向可以看到彩虹状鲜艳闪光现象。旋转物台或缓慢地前后移动钻石时裂隙亦随之变化,闪光的颜色和呈现的面积也会发生相应变化。

2. 流动性构造

在一些充填裂隙或空洞中可看到类似玻璃物质在里面流动的状况,有时可见很细的透明弯曲的线状流动物于充填物中。由于填充物的流动条纹不易溶解,可能仅在裂缝的某个部位被观察到。这种流动感构造,是填充物在高温高压下被注入钻石裂隙时产生的,其方向与裂隙方向一致。

3. 内含气泡

在钻石的裂隙或空洞内由于填充不完全而被气体所盘踞,常呈现出高反差现象,气泡或在裂隙壁上分布,或在充填物内部,单个或成群分布,有的肉眼可见,有的则非常细小。

另外填充钻石坯在切磨成裸钻时,由于填充物硬度远低于钻石,因而在刻面上出现抛物线状凹陷面、龟裂纹。同时,因填充物折射率低于钻石的折射率,常在填充钻石的裂隙线上出现贝克线,若将钻石浸入高折射率油液中,贝克线更明显。若将钻石浸入汽油中,在强光照射下,可以看到浸入裂隙中的汽油出现流动彩虹。

填充钻石作火焰燃烧试验,填充物在高温下浸出,裂隙边部可见熔融状物质,裂隙或空洞内部呈云雾状。

4. 检测方法

①观察角度:检测充填钻石中闪光现象的角度应与裂隙平行,而未填充钻石的彩色的观察角度应与裂隙面垂直为最佳。

②聚光照明:使用光纤灯照明,闪光效应尤为明显,并能显现填充范围,揭露任何填充的发丝般裂缝。若采用偏光滤镜置于显微镜与宝石间配合透射光源,可显示填充范围和帮助分辨闪光效应与天然虹彩现象。

③阴影法:采用不透明、黑色、无反射光屏置于钻石和显微镜光源之间,可帮助观测流动感构造。

④放大观察:填充钻石一般在 0.3ct 以上,鉴评钻石是否充填,应在 6×10 或 8×10 的显微镜下仔细观察,而 10 倍放大镜只能发现一些粗线索和迹象。

(二)热辐照钻石

钻石的颜色,主要是由各种色心吸收不同范围可见光造成的,而色心的形成与钻石晶体结构中的各种缺陷有密切关系。结构缺陷的消除与形成,热-辐照工艺具有特殊功能。

使钻石致色的色心有多种,如 N 心具特征的"金丝雀黄"的黄色;N_3 心是大部分黄色钻石制造者,其吸收线为 415nm;N_2 心以 478nm 为代表,在长波紫外光激发下表现为明亮的黄色荧光,在日光下该钻石常呈迷人的琥珀黄色;H_3 心(503nm 吸收线)与 N_3 及 N_2 心是钻石呈棕色的主要致色因素,同时 H_3 心与 H_4 心是Ⅰa型无色或浅黄色钻石经热-辐照后呈较鲜亮的黄色钻石的主要原因。另外,钻石经一般辐照(如 α 粒子、中子、高能电子、质子等)而产生的 GRI 心，它表现为一个很宽的吸收带(从 741nm～黄绿可见光区)，可使钻石呈现绿、蓝、蓝绿、深绿色或黑色、黄色等各种颜色。Ⅱb 型钻石中硼对碳原子的置换而产生的空穴称 B 心，使钻石呈蓝色。但 B 心在天然钻石中是少见的。所以钻石改色，主要是针对黄色钻石。天然黄色钻石与合成黄色钻石经辐照后的鉴别特征如下。

1. *颜色变化*

(1)天然黄钻

Ⅰa 型经热-辐照处理(800℃以下)，可呈橙色到带棕的黄色；ⅠaA＋Ⅰb 型则呈粉红到红色。

(2)合成黄钻

Ⅰb 或 ⅠaA 型，辐照以后呈橙色，再经热处理(800℃)则呈粉红色到红色；IaA 型辐照后再经高压热处理(1 700～2 100℃)，从黄色到绿色到黄绿色。色度中等。

2. *颜色分布*

(1)天然黄钻

有时均匀，有时沿切刻面有不均匀色域。粉红色钻石通常含有窄的楔形状的黄色色域。

(2)合成黄钻

在其籽晶生长区里产生粉红色或红色，而导致产生类似粉红色或红色与黄色的色域分布，其余的维持黄色。

3. *紫外荧光长波*

(1)天然钻石

Ⅰa 型处理波呈弱至强的黄色到绿色。

Ⅰb＋ⅠaA 型处理波呈弱至非常强的橙色，通常带有窄的楔形状的绿色域。

(2)合成黄钻

Ⅰb＋ⅠaA 型为强绿色加上不同内部生长区内的弱橙色或只是弱橙色。

ⅠaA 型为强的带绿色调的黄色。

4. *紫外荧光短波*

(1)天然黄钻

Ⅰa 型为弱至强的黄色到绿色。

Ⅰb＋ⅠaA 型为弱至非常强的橙色，具有窄的楔形状的绿色色域。

(2)合成钻石

Ⅰb 或 ⅠaA 型的为强至非常强的绿色加上不同内部生长区内的弱橙色或仅只是弱橙色。

ⅠaA 型为强的带绿的黄色。

5.荧光强度

(1)天然黄钻

Ⅰa型:长波强于短波。

Ⅰb+Ⅰa型:长波强于短波或二者强度相等。

(2)合成黄钻

Ib或IaA型:长波与短波强度相等,或短波比长波强。

Ⅰa型:长波比短波强。

6.荧光分布

(1)天然黄钻

Ⅰa型:荧光分布通常均匀。

Ⅰb+ⅠaA型:荧光分布一般不均匀,有窄如楔状的绿色荧光区介于较大的橙色荧光区间。

(2)合成黄钻

荧光分布不均匀。

7.阴极射线荧光

(1)天然钻石

通常为绿色,呈与八面体内部生长区有关的排列。

(2)合成黄钻

各种颜色,有的不发光。

8.可见光荧光

(1)天然钻石

Ⅰa型:偶有绿色,弱到强。

Ⅰb+Ⅰa型:偶有橙色带窄楔状的绿色色域,弱至强。

(2)合成黄钻

Ⅰb或ⅠaA型:偶尔是中度的绿色,极少含有弱橙色。

Ⅰa型:不可见或有绿色,弱到中度,通常分布不均匀,与其内部生长区的排列有关。

9.吸收光谱

(1)天然黄钻

Ⅰa型:有496nm、503nm、和595nm吸收带。

Ⅰa+ⅠaA型:有503nm、575nm、595nm、615nm、625nm和637nm吸收带。

(2)合成黄钻

Ⅰb+ⅠaA型:经冷却后可能在600~700nm之间看到几条吸收带(617nm、627nm、637nm、647nm、649nm、658nm、671nm和691nm)。

Ⅰb+Ⅰa 型:经能量处理后可有 503nm、527nm、553nm、575nm、595nm、617nm、637nm 及 658nm 的几条鲜明的吸收带。

ⅠaA 型:处理后可有 473nm、478nm、481nm、503nm、511nm、518nm、527nm、547nm 及 553nm 鲜明的吸收带。

10.其他特征

天然钻石:无磁性。

合成黄钻:含有金属内含物,可能被磁铁吸引,化学分析通常显示出助熔剂金属的存在(Ni 或 Fe)。

(三)镀膜钻石

钻石镀膜是用化学气相沉淀法在钻石表面生长一层多晶体的钻石膜(DF),具明显的粒状结构,在放大检查时较易看到。拉曼光谱测定出钻石膜的特征峰在 1 332cm^{-1} 附近,半高宽(FWHM);质量差的钻石膜其特征峰频移大,强度减弱,甚至在 1 500cm^{-1} 附近出现一个宽峰。

(四)GE 处理钻石

该法主要对具有一定净度的Ⅱa 型褐色成品钻石在高温高压下移动外部色心呈现最佳的内部颜色。褐色系列钻石被认为是由于钻石晶体的晶格发生塑性变形引起晶格缺陷而产生的褐色,而塑性变形是由钻石从地幔至地表成矿过程中增压或减压时晶体内部发生应变的结果。因此,通过增压或减压应能修复这种变形。但能真正处理的钻石大约只有 1‰,其特征如下。

①绝大部分均可见到微弱至明显的白色或少见棕色的形貌。半数为一种稍微模糊的形貌,这可能是生长纹对其他光线散射的影响。

②近表面的解理或羽状裂隙。

③许多近表面的解理呈现出"部分愈合",相似于刚玉宝石中常见的"指纹状包体",其他解理在靠近表面时呈现出霜状或粒状的形貌,但在较深的地方变成玻璃状。在一些解理中可见一个黑色的区域(羽状石墨包体)。

④包体常被应力裂隙围绕,如石墨包体被微小裂隙放射状向外分布的半透明晕围绕,有些石墨包体被网状细小裂隙包围。这种放射状裂隙可能是由于钻石在高温加热后包体和钻石热膨胀不同而引起的。一组环状裂隙沿着八面体分布,是钻石内部应力围绕包体释放的结果。有些固体的不透明包体不呈现上述放射状或环状裂隙,但显示一种流动和熔融结构,有时还见到云雾状或似云雾状物。

⑤在正交偏光镜下,可见其呈中等至强的应力图形和十字形的"塌塌米",并呈带状和斑点状排列。应力干涉色多是一级和二级灰色、蓝色或橙色;而天然Ⅱa 型的通常为强度较低的灰色和棕色干涉色。

(五)覆膜、染色、激光除杂钻石

1. 覆膜钻石

在钻石表面涂覆和喷涂一层极薄的有色有机物,既可使钻石颜色得到改善,又可增加钻石的"火彩"。

2. 染色钻石

在钻石腰棱处涂上红、蓝、粉红等色,经金属镶嵌后不易被人发现,可使钻石呈现红色或蓝色色调。为减弱钻石的黄色色调,可用黄色的补色(蓝色或紫红色)在钻石表面染色,使钻石看上去显得白些。

3. 激光除杂钻石

用激光打孔技术,将钻石中的"脏点"气化掉,或用强酸熔蚀掉,然后将玻璃充填空洞,以提高钻石净度。

二、改善绿柱石类宝石

绿柱石类宝石有祖母绿、海蓝宝石、黄金绿柱石、铯绿柱石和马克西西(Max-ixe型)绿柱石等。祖母绿是含 0.15%～0.5%的绿柱石以类质同像置换铝而呈绿色;海蓝宝石是由绿柱石中少量的 Al^{3+} 和 Be^{2+} 分别由 Fe^{3+} 和 Fe^{2+} 替代而呈迷人的天蓝色—蓝绿色;黄金绿柱石的颜色为黄色—棕黄色,是因 Fe^{3+} 以类质同像形式替代 Al^{3+} 进入八面体中所致;呈粉红色和带紫色的红色的铯绿柱石,其致色离子主要是 Mn^{2+} 和 Mn^{3+},此外还有 Cs^{1+} 及 Fe^{3+} 等;马克西西绿柱石是一种深蓝色绿柱石,它是由一种比较浅的色心致色的。

对于绿柱石类宝石的改善,常用的是中低温热处理、辐照处理和注入法等。如某些绿色和蓝绿色的绿柱石经热处理(400～450℃),可使浅蓝色—天蓝色的海蓝宝石消除黄色色调,使某些黄金绿柱石变成无色,橙红色绿柱石变成粉红色铯绿柱石,可使铯绿柱石变成红色或紫红色等。辐照处理可使无色、浅绿和浅蓝色绿柱石变为黄色、绿色或蓝色,一些无色铯绿柱石变成粉红色或橙红色。有些无色或粉红色的绿柱石虽经辐照后变为深蓝色,但在日光下很快就会褪色。注入法是改善天然祖母绿的主要方法,它是先用强酸浸泡再用清水和稀碱液反复清洗、干燥,而后用热注法或高压注入法(真空注入法)注入加拿大树胶,蜡封,抛光即可。也有人用有色染料或颜料注入。

经改善的绿柱石类宝石,因改善工艺不同而有不同的特征。但就现状来说,中低温热处理和辐照处理的绿柱石类宝石与其天然品的区分,还是相当困难的。

(一)改善祖母绿

1. 注入法处理的祖母绿

因注入剂有无色油、有色油和树脂充填三种,故各有特点。

①注入无色油:主要是掩盖已有的裂隙和孔洞而不改变宝石的颜色。它被珠宝界和消费者认可,属宝石的优化。在鉴定时,可将祖母绿放入水中或其他无色溶液中,用反射光观察,转动宝石,在某一方向上可看到无色油引起的干涉色或油的液态包体;加热实验,有流油现象,俗称"出汗"。

②注入有色油:放大观察,可见绿色的油呈丝状分布在裂隙中,有些油具荧光。油干涸后会在裂隙中留下绿色染料。

③注入树脂:充填裂隙中可残留有气泡,有时呈雾状,或有流动结构。在反射光下,可见宝石表面有蛛网状裂隙充填物。

2.表面覆层法,有底衬法和镀膜法两种

①底衬法:在祖母绿戒面底部衬上一层绿色的薄膜或绿色的锡箔,用闷镶的形式镶嵌后往往不易察觉。鉴定时,可见结合缝,缝中可有气泡残存。有时薄膜皱裂、脱落,底衬无二色性。

②镀膜法:易出现网状交织的裂纹,浸入水中可在棱角处看见颜色有明显集中,从侧面观察,可见层状分布现象。

(二)改善 Maxixe 蓝色绿柱石

改善 Maxixe 蓝色绿柱石的方法主要是辐照法。经 γ 射线或短波紫外线照射后,呈钴蓝色,其可见光的吸收谱是 695nm、655nm 强吸收带,628nm、615nm、581nm、550nm 弱吸收带。

三、改善刚玉类宝石

(一)改善红宝石

具红色色彩的刚玉宝石,称红宝石。红宝石颜色,包括浅红—中红—深红色与含其他色调的红色。《圣经》中将之列为最珍贵的宝石。当今红宝石市场上,改善红宝石占绝大部分,因其改善工艺类型不同而具有与天然红宝石不同的特征。

1.热能工艺

①经高温处理的红宝石,颜色往往不均匀,原有的色带清晰度会发生不同程度的变化。

②包裹体也将发生不同程度的变化。如熔点低的固态包体发生部分熔解,边缘圆化,丝状体变得断断续续;液态包体因体积膨胀而破裂,甚至进入新生炸裂纹内。

③宝石表面往往出现一些"麻点"或凹坑。

2.注入处理

①色浅的红宝石,在其裂隙中浸入有机染料(浸泡)加热,使染料固结而染色。

②用有色油充填于宝石裂隙中,有时产生五颜六色的干涉色。

③在红宝石裂隙中充填硼盐、水玻璃、石蜡、塑料、硅土、高铅玻璃等,或者加入氧化铬着色剂,提高红宝石的红色。

沿裂隙注入物,主要是为了改善红宝石的颜色和增加透明度。其特征是所有注入物均位于宝石的裂隙内,注入物与红宝石的折射率不同,红外光谱分析可出现不同于红宝石的吸收光谱。拉曼光谱分析,可见天然红宝石中不曾出现的元素,如铅、硼、硅、磷、钙等。

3. 热扩散处理

(1) 铬扩散

利用高温使外来的铬元素以类质同像置换方式进入浅色红宝石表层占位铝的晶格,形成红色扩散薄层。

经热扩散处理的红宝石,常具深浅不同的红色,不均匀,或呈斑块状。若把这种红宝石浸入二碘甲烷中,用漫反射光观察,在腰围、刻面棱及裂隙面可见红色浓集现象。另外,热扩散红宝石可具高达 1.80 的异常折射率。

(2) 铍扩散

铍扩散可使刚玉类宝石产生黄色、橙色或棕色色调,而且铍元素可从红宝石表面一直渗入到宝石内部,甚至整个宝石。外层呈橘红色,中心为粉红色和红色。

铍扩散红宝石,亦可出现附晶生长,但与众不同的是新生的附晶呈细小的板状存在于宝石表面的空洞中,而不覆盖整个宝石的表面。随机生长的附晶可逐渐长大呈扁平状和六边形状,大量聚集后可形成不规则块状体组成的固态层,在宝石表面成一层附着晶体。这一现象通常在暗域照明中容易观察到,用透射光极易看清,外观浑浊。

铍扩散的另一特点,是在宝石内部的空穴被玻璃质充填,并含有球形气泡。

改善红宝石与天然红宝石在吸收光谱与荧光性方面也有所不同。天然红宝石有 693nm 双线,668nm、659nm 吸收线,550nm 为中心宽吸收带;而改善后的红宝石除黄绿区宽带吸收外,没有 695nm 荧光发射谱。

天然红宝石(铬致色)在紫外光甚至在自然光下均有较强的荧光,改善后的红宝石荧光不明显或呈极弱的淡绿色,肉眼观察普遍有橘红色调,多色性明显,为清晰的橙黄和橘红色。

(二)改善蓝宝石

世界公认的四大名贵宝石之一的蓝宝石,具有很高的经济和欣赏价值。颜色的瑰丽多彩,变幻莫测。两颗蓝宝石常常因颜色上的毫厘之差,价格差异悬殊。当前市场上约有 95% 的蓝宝石经过改善,加热及表面热扩散是最普遍的改善方法,用油、树脂、玻璃或高分子聚合物做填隙或洞痕的填充,或做表面涂覆、染色等是目前较少用的改善方法。

1. 热能工艺

将蓝宝石加热至 450~900℃ 之间，并恒温 7 小时至 14 天，而后逐次冷却至室温，将会出现多种结果：蓝色增加、深色变浅、绿色减少、裂隙填补、暗色细丝消失等，从而使宝石的颜色、净度、透明度得以改善，甚至产生星光效应。如 Geuda 牛奶石因含 Ti、Fe 而呈无色或棕茶色，加热至 1 600℃ 时可改变 Ti、Fe 状态，使其颜色得到极大改善而成为贵重的蓝色蓝宝石，同时透明度和光泽也得到增强。

2. 热扩散处理

(1) 表面扩散处理

将蓝宝石放入含氧化铝和氧化钛的坩埚中，加热至近熔点，使化合物能够进入宝石的浅层位置，形成一蓝色薄层(0.5mm)，达到颜色改善的目的，其特征与扩散红宝石相同。

(2) 深层铍扩散

泰国人常将马达加斯加和坦桑尼亚称为 Red songea 的蓝宝石，通过热扩散法把铍元素渗入到蓝宝石内部，甚至整个宝石，使之成为艳丽的橘黄色—红橘色，当作斯里兰卡天然橘黄色高档稀缺蓝宝石出售。

判定铍扩散蓝宝石，可用 SIMS(次离子质谱仪)测定铍的含量。天然蓝宝石含铍在 1.5~5PPM±，而经扩散的铍含量可在 10~35PPM 之间。

对于铍扩散处理的蓝宝石判定，用二碘甲烷浸没法，可在宝石周围看到色域。另外，若用铍扩散法"淡化"深色蓝宝石(玄武岩宿主)体色者，在浸入二碘甲烷后，在其外围依稀可见蓝色体色的外围有浅浅的一层无色至黄色的色域，包覆着整个宝石。

由于铍扩散处理过程中的温度不同，处理结果也有所不同。如果扩散处理的温度在 400~600℃ 时，改善蓝宝石的颜色，与铁致色的黄色蓝宝石相比，明显地要黄或褐。若铍扩散是在极高温氧化环境下进行，铍可扩散至宝石的深层；如果加热时间长，可扩散至整个宝石。

对极高温铍扩散的蓝宝石，用二碘甲烷鉴定时，已见不到外围色域了。此时可借观察内含物来判断，如是否有愈合的羽裂纹、宝石表面是否有烧灼麻坑、有无新生附晶(合成刚玉)，黄色及红色刚玉经铍扩散处理，有时还可见到 TiO_2 因高温释放 Ti 元素而形成蓝色色域的内部扩散。

总之，对铍扩散蓝宝石鉴定，可根据上述特征进行综合分析判断。

(三) 扩散星光

刚玉类宝石经热扩散处理，可产生星光蓝宝石和星光红宝石。星线成因有两种：一种是热处理时，宝石丝状内含物原本无序排列，受热后变成有序排列所致；另一种是表面扩散所形成。前者位于宝石内部，后者则位于宝石表面(表层)。

1. 热处理星光

把富 Ti 的蓝宝石或红宝石加热至 1 600～1 900℃，使无序排列的富 Ti 包体（云雾状）熔解，Ti 进入刚玉晶格，持续加热一段时间后逐步降温、冷却，TiO_2 将再次出溶，形成定向排列的金红石针状包体，从而产生星光效应。或者在中等高温（1 100～1 300℃）下持续加热并缓慢冷却，亦可使潜在的星光效应表现出来。

2. 表面扩散星光

表面扩散法形成的星光红宝石和星光蓝宝石，在我国已经面市。刚玉类宝石经表面扩散处理后，其折射率、密度等物性参数及内含物特征等，均与天然刚玉类宝石相同。扩散星光与天然星光宝石的区别在于：

①颜色：表面扩散星光蓝宝石，具黑灰色色调的深蓝色，宝石表面特别是弧面型宝石底部或裂隙面存有红色斑块状物质。

②星光：表面扩散的星光十分完美，星线均匀，很像合成星光。放大检查时，可见星光仅限于宝石表面，在显微镜下，弧面型宝石表面有一层由细小的白点聚集而成的极薄絮状物，而在宝石内部，见不到三组定向排列的金红石细针。

③荧光：在 SW、LW 紫外线照射下，无荧光，宝石表面偶尔可见发红色荧光的红色色斑。

④红圈现象：由于宝石表面 Cr_2O_3 含量可高达 4%，浸油观察，宝石表面呈现红色，并具有一轮廓清晰的、突起很高的红色色圈。

四、改善翡翠

(一)热处理的翡翠

翡翠热处理，俗称焗色。就是对翡翠样品进行加热，去灰黄、褐黄等色，改变成橙色到褐红色的工艺。实验表明，黄色、褐色的翡翠，是由于在自然条件下，其中的褐铁矿脱水形成赤铁矿矿化着色所致，而赤铁矿溶于稀酸，可被清除。因此，把试样酸洗后，放在铺有细沙的铁板上，火炉均匀加热至 200℃ 左右，当翡翠变成猪肝色后，冷却，即成红色，最后浸泡在漂白水中数小时，使之充分氧化、固色。鉴定特征如下：

(1)加热的红色翡翠：红色有干的感觉，不易区别。

(2)红外光谱特征：天然翡翠在 1 500～1 700cm^{-1}、3 500～3 700cm^{-1} 附近有较强的吸收区，而热处理品则没有。

(二)浸蜡的翡翠

浸蜡工艺，试样经稀酸酸洗，结构破坏不强烈，但会使翡翠的孔隙增多，导致较多石蜡充填到玉石内。浸蜡翡翠时间久了，会老化产生白花，使玉石透明度变差。

鉴定特征：

①遇到高温会使蜡质溢出(俗称"出汗"),耐久性差。
②紫外灯下可见到蓝白色荧光。
③红外光谱特征:有机物峰明显,具有 $2\,854cm^{-1}$、$2\,920cm^{-1}$ 特征谱。

(三)漂白、充填的翡翠

(1)光泽

常有树脂光泽、蜡状光泽或玻璃光泽与树脂光泽、蜡状光泽混合。

(2)颜色

无层次感,底很白、绿色浮在表面、色无定向性,看起来很不自在。

(3)结构

透射光下,可见内部有纵横交织的裂隙,反射光下,可见表面的溶蚀凹坑或蜘蛛网状网纹。

(4)表面特征

有时可在原生裂隙处成较明显的凹沟,甚至其中可见胶结物或残留气泡。

(5)密度与折射率

多数的密度降至 $3.00\sim3.43g/cm^3$,折射率 1.65 左右。

(6)荧光性

无或弱至强的紫外荧光,分布呈斑杂状。短波下,弱,呈黄绿或蓝绿(蓝白);长波下,中至强,呈黄绿或蓝白色。

(7)碳化

加热至 $200\sim300℃$ 后胶质发生碳化。

(8)大型仪器鉴定

红外光谱仪在 $2\,600\sim3\,200cm^{-1}$ 有吸收峰。在激光拉曼光谱仪上,$1\,100cm^{-1}$ 以上有 6 条强拉曼谱带,分别是 $1\,114cm^{-1}$、$1\,183cm^{-1}$、$1\,606cm^{-1}$、$2\,905cm^{-1}$、$3\,037cm^{-1}$。在阴极发光显微镜下,其荧光颜色以黄、黄绿、蓝绿色为主。颜色分布相对均匀,边缘环带由于溶蚀作用,表现为凸凹不平或残余不全等。溶蚀纹和溶蚀裂隙中有发绿色、深蓝色的胶体物质(图 6-7)。

(四)染色翡翠

染色工艺多为保密,通常是选中粗粒并带有一定孔隙度的玉料,经稀酸除杂、烘干、加热,而后浸泡于染料溶液中,烧煮十几天,使色料浸固于孔隙中呈色(绿色、紫色等)。鉴定特征:

(1)颜色

呈丝网状分布,在较大的绺裂中可见染料的沉淀或聚集成色斑状、斑杂状,以仿天然翡翠。

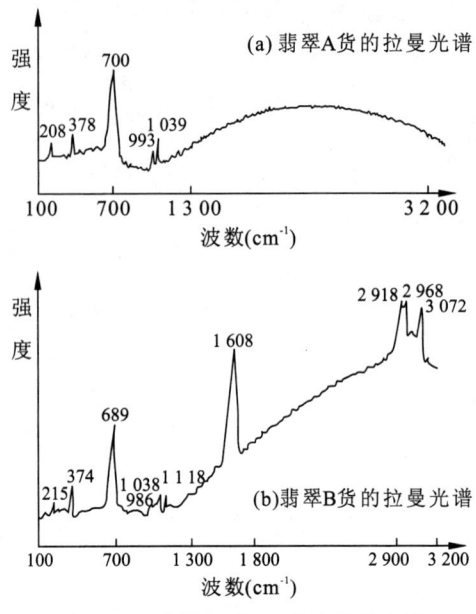

图 6-7 翡翠 A 货、B 货的拉曼光谱

(2)光谱特征

出现 650nm 宽吸收带。滤色镜下绿色变红。紫外荧光灯下发黄绿色或橙红色荧光。在红外光谱上出现 $2\,854\text{cm}^{-1}$ 和 $2\,920\text{cm}^{-1}$ 的吸收峰。在阴极射线下出现蓝绿、黄绿等色荧光。

(五)覆膜翡翠

涂覆色膜的工艺,少见报道。常用的是绿色胶状高挥发性高分子材料。

鉴定特征:

(1)颜色

分布均匀,色调一致,满色状。正面和背面一样,无天然品的斑状、条带状、细脉状、丝片状的颜色分布特点。

(2)折射率

1.65 左右(薄膜的折射率)。

(3)光泽

表面光泽弱,多为树脂光泽,无颗粒感。

(4)包体

局部可见气泡。

(5)表面特征

可见薄膜脱落,并多出现在边缘部位;针触之,感觉较软;手触之,有粘感。放大观察,表面有毛丝状小划痕。天然品表面的橘皮效应及粒状结构特征(粒间界线)均见不到。

五、改善玛瑙

花色万变的"千祥"玛瑙,为国人至爱。改善工艺已历时数百年,现今改善玛瑙随处可见,并为世人认同。

天然玛瑙美,改善玛瑙更美,不仅色泽美,而且改善后色泽永久。这是由于玛瑙具有微透明且渗透性好的特性,易于改善。我们知道,玛瑙是由隐晶质石英微晶组成的集合体,构成各种结构(纤维状、放射状、纤状、斑粒状)和构造(缟状、缠丝状、苔纹状、条带状、苔藓状、树枝状、像形状),形成了无数美丽动人的花纹图彩。但亦有众多形貌不详,色泽灰暗单调的玛瑙,需要人工改善。常用的改善方法有:

(一)热处理

将不均匀的浅褐红色玛瑙半成品,在空气中电热炉加热至700~1 000℃,持续一段时间,完成褐铁矿脱水后,缓缓冷却,以防炸裂,最终达到鲜艳的红色。热处理并未改变玛瑙的成分,只是其中的铁质氧化变价。

经热处理的红玛瑙称火热玛瑙或烧玛瑙,其透明度和硬度比原生玛瑙稍有降低,脆性有所增加。

与玛瑙相近的虎睛石,经热处理后,褐黄色在氧化条件下加热可变成褐红色,在还原条件下加热可变成灰黄色、灰白色,可用来仿金绿宝石猫眼。

(二)染色

当今市场上的玛瑙制品,绝大部分都经过染色处理,尤其是天然白色、灰色、灰白色的玛瑙,均经染色处理。染色法有两种。

1. 化学沉淀反应致色

天然玛瑙(玉髓)富含铁质时,用热处理可改善其色。但大部分玛瑙因不含或少含铁的氧化物,只能用化学反应法将有色无机物质渗沉于玛瑙孔隙之中,改变玛瑙的体色。具体处理方法有两种。

①把玛瑙浸泡在可溶性金属盐着色剂中,经过一定时间后,取出烘干,再放入加热炉内加热,使金属盐渗入到玛瑙中分解为有色的不溶性氧化物,致色于玛瑙。

②把玛瑙浸泡于着色剂中,经一段时间取出,再放入第二种溶剂中浸泡,让两种溶剂发生化学反应,沉淀出不溶性的有色化合物,从而将玛瑙染成红色、绿色、蓝色、黄色或黑色。

欲使玛瑙染成红色,可将玛瑙(白色)浸入硝酸铁溶液中,取出后脱水,再放入加热炉内加热至300℃左右,这时渗入玛瑙孔隙内的硝酸铁变成赤铁矿;或者将玛瑙浸入氯化铁溶剂,然后再放入氨水中浸泡,二者发生化学反应后取出加热,产生褐铁矿沉淀，即可得到红色玛瑙。

要想获得绿色玛瑙，可将玛瑙浸入铬酸（H_2CrO_4）或铬酸钾（K_2CrO_4）溶剂一段时间后取出，加热即可；或者将玛瑙（白色）浸泡于重铬酸钾溶液与适量的亚硫酸铁和稀硫酸配制成的溶液中，过一段时间取出，加热也可得到绿色。其化学反应式为：

$$K_2CrO_4 + FeSO_4 + H_2SO_4（稀） = Cr_2(SO_4)_3 + 3Fe_2(SO_4)_3 + K_2SO_4 + 7H_2O$$

$$Cr_2(SO_4)_3 + 6H_2O \xrightarrow[\text{水解}]{\text{加热}} 2Cr(OH)_3 \downarrow + 3H_2SO_4$$

$$2Cr(OH)_3 \xrightarrow[\text{水解}]{\text{加热}} Cr_2O_3（绿色） + 3H_2O \downarrow$$

用 Fe 和 Co 两种致色元素，均可使玛瑙变成蓝色。若用 Fe 离子致色，可先将白色玛瑙浸入浓度为 20% 的六氰铬铁（Ⅱ）酸钾 $K_4[Fe(CN)_6]$ 溶剂 10～15 天，取出再放入硫酸铁溶液中浸泡数周，即可生成普鲁士蓝或腾布尔蓝色 $K_4[Fe(CN)_6]_3$；或用钴盐或铜盐加铵盐，亦可获得蓝色玛瑙。

将白色玛瑙染成黑色的方法有许多种，常用的方法是将玛瑙浸泡于糖液数周后，取出再放入浓硫酸中浸泡，适当加热 30min 到 2h，取出，冲洗，干燥，即成。化学反应式为：

$$C_6H_{12}O_6 \xrightarrow[\text{加热}]{H_2SO_4（浓）} 6H_2O + 6C \downarrow$$
$$\text{（黑色）}$$

黄色玛瑙，是用重铬酸钾（$K_2Cr_2O_7$）染成，也可用氯化汞溶剂和碘化钾溶剂分别浸泡玛瑙而成。两种溶剂相互反应后可形成碘化汞（Hg_2I）黄色沉淀的结果。

2. 染料染色

用染料染色玛瑙的工艺，已有数百年历史了，由于工艺比较简单，染色处理的玛瑙在市场上常可看到。现在，所用染料有胺类、偶氮类或硫化物类有机染料。在染色之前，先将玛瑙进行某些漂白除杂的化学预处理，然后将其浸泡于染料溶液里，经过一段时间取出，干燥，使溶于水中的染料沉淀于玛瑙内孔隙壁上，使玛瑙着色。

（三）注水处理

当水胆玛瑙有较多裂隙或在加工过程中产生裂缝时，其中的水会慢慢流失，直至干涸。若水胆玛瑙一旦失去水分，即失去其工艺价值和经济价值，这时可对其进行将注水处理。注水处理方法有两种。

(1) 水胆玛瑙注水：将失去水分的水胆玛瑙浸入水中，利用毛细作用，使水回填，或采用注入法使水回填，然后用胶等将细小缝隙堵住。

(2) 玛瑙注水：玛瑙原本不含水（水胆），为使其变成水胆玛瑙制品，可在玛瑙制品的某个不显眼的部位挖个口子，将玛瑙内部挖空，注入水，然后用玛瑙片将口子严丝合缝地盖住即可。

(四)改善玛瑙检验

(1)热处理玛瑙,属优化,不必检测。

(2)染色玛瑙,检测比较简单,大多数蓝色、绿色、黄色、黑色玛瑙的颜色,在天然玛瑙中不会出现。化学沉淀法处理的玛瑙,目前尚无简便可靠的检测方法,而且多无必要。有时用分光镜可检查出 Cr 致色的玛瑙在红区末端出现 2～3 条细密的 Cr 吸收线;在滤色镜下,绿玛瑙呈红色。

(3)注水玛瑙,可在水胆壁上寻找有无人工处理的痕迹,在可疑处用针尖刻划,可见胶质或蜡质充填的孔洞或裂隙。

六、改善欧泊

(一)欧泊改善的机理

五彩缤纷、斑斓秀丽的欧泊,被誉为宝石的"调色板",以其特殊的变彩效应而闻名于世。

1. 欧泊组成

天然欧泊是由 AG-蛋白石(SiO_2 球粒为非晶质)和/或 CT-蛋白石(鳞石英或和方石英互层的雏晶)组成的亚显微晶质集合体,并含有不定量的水(一般为 4%～9%,最高可达 20%)。其化学式为 $SiO_2 \cdot nH_2O$。

欧泊中的水以分子水和羟基水两种形式存在。分子水又可细分为孤立分子水(在 7 080 cm^{-1}、5 245 cm^{-1} 或 5 250 cm^{-1} 处引起尖锐的联合峰)、液态水(在 6 845 cm^{-1}、5 150 cm^{-1} 处产生弱肩峰)和吸附水(在 5 200 cm^{-1}、3 422 cm^{-1} 或 3 450 cm^{-1} 处有宽的对称伸缩振动谱带)三种类型;羟基水也可分为三种类型:A 型 SiOH 团——具弱氢键的结构缺陷 SiOH 团(天然欧泊在 5 560 cm^{-1}、4 465 cm^{-1} 或 4 495 cm^{-1} 处有弱肩峰),B 型 SiOH 团——具强氢键的表面 SiOH 团(在 4 395 cm^{-1}、4 400 cm^{-1} 处有弱肩峰)和 C 型 SiOH 团——孤立表面 SiOH 团(在 7 333 cm^{-1} 处有弱带)。

2. 欧泊品种

欧泊有许多品种,归总起来可分为黑欧泊、白欧泊、火欧泊和"晶质"欧泊四大类。

(二)欧泊改善工艺

对天然欧泊的人工改善,主要从两个角度进行:一是试图通过加深欧泊体色,以衬托变彩效应;二是通过异物加注,充填孔隙,以产生和加强变彩效应。

1. 染色

天然欧泊是由无数个直径 150～400nm 的 SiO_2 小圆球组成的,紧密堆积的球粒之间存在有无数的孔隙,这就给染色处理工艺准备了有利条件。染色可使欧泊的体色加深,变彩效应更加明显,也使欧泊外观变的更加艳丽迷人。染色方法有如下几种:

(1)糖酸处理

目的是加强体色呈黑色,该法始于1960年。其工艺流程是先清洗,在低于100℃下烘干将欧泊放在热糖溶液中浸泡数日;等缓缓冷却后,快速擦去欧泊表面上多余的糖汁,放入热浓硫酸(100℃±)中浸泡一两天;冷却后,多次冲洗干净,再次放入碳酸盐溶液中迅速漂洗一下,最后冲洗洁净即可。这时糖中的氢和氧被去掉,让碳质留于欧泊的裂隙和空隙中,从而产生暗色背景。

(2)烟处理

目的是使欧泊变黑,仿黑欧泊。烟处理工艺是用纸包裹住欧泊,然后加热直到纸冒烟,欧泊经烟熏后使其表面产生黑色背景。

(3)硝酸银曝光法

目的是用来仿黑欧泊。将洗净欧泊经低温烘干后,浸泡在硝酸银溶液中,使银溶液充分渗入欧泊孔隙和裂隙后,取出曝光,银黑使欧泊变黑。

(4)苯胺染色法

目的是用来仿黑欧泊。将欧泊浸泡于黑色苯胺染料中,待欧泊染成黑色后,取出,晾干(烘干)即可。

2. 异物加注

异物加注法,主要用于多孔的水蛋白石和劣质蛋白石(无色的、黑色的或红色的)使其呈现变彩效应,掩盖瑕疵,提高透明度。

(1)注塑处理

先将蛋白石干燥,去除孔隙中的水,接着抽成真空,随即浸泡于热的(100℃以下)注入剂中,靠外面的大气压把注入剂压入深处孔隙内,以掩盖裂隙并使蛋白石(欧泊)呈现暗色的背景。

(2)注油处理

即用注油和上蜡的方法来掩盖劣质欧泊的裂隙,改善宝石外观,使其与优质欧泊相媲美。

(三)改善欧泊的特征

1. 染色欧泊

(1)糖酸处理欧泊

放大观察,色斑呈破碎的小块并局限于欧泊的表面,结构为粒状,可见小黑点状炭质染剂在彩片或球粒的空隙中聚集。

（2）烟处理欧泊

黑色仅限于表面，密度降低（$1.38\sim1.39\text{g/cm}^3$），用针头触碰时黑色物可剥落，有黏感。

（3）硝酸银处理欧泊

放大检查，可见银黑沉淀于孔隙内，用丙酮或稀盐酸拭之掉色，化学分析可测出银。

（4）苯胺染色欧泊

染料沉淀于孔隙或裂隙内，呈斑点状的色素团，如同撒了"花椒粉"一般。

2. 异物加注欧泊

（1）注塑欧泊

颜色亮丽，性质稳定，透明度高。放大检查，可见气泡、流纹、闪光；红外光谱检测，具有塑料吸收谱线；热针试之，有气味；丙酮拭之，掉色；欧泊密度降低，折射率减小。红外光谱分析，在约 $4\,400\text{cm}^{-1}$ 和 $4\,500\text{cm}^{-1}$ 处有强重叠特征，在约 $4\,775\text{cm}^{-1}$、$4\,670\text{cm}^{-1}$ 处有较弱的带，在 $5\,780\text{cm}^{-1}$、$5\,890\text{cm}^{-1}$ 和 $5\,925\text{cm}^{-1}$ 处有强重叠带，在 $4\,735\text{cm}^{-1}$、$4\,670\text{cm}^{-1}$ 处有清楚的特征。

（2）注油（或上蜡）欧泊

可能出现油脂光泽或蜡状光泽，当用热针试之，有油或蜡析出。

3. 热处理欧泊

无论是染色处理或异物加注处理，都要对欧泊进行净化和加热以除杂质、脏色和吸附水。若当加热温度较高（300℃），可使欧泊中的水份大部析出，以便让染料和注入剂占据水份位置。因此，受热后欧泊的近红外光谱（$6\,000\sim4\,000\text{cm}^{-1}$）与天然欧泊相比，在 $5\,250\text{cm}^{-1}$ 处的强吸收带的宽度变窄，强度减弱，吸收率的积分面积减小；$5\,150\text{cm}^{-1}$ 处的肩峰消失，并在 $3\,920\text{cm}^{-1}$、$3\,745\text{cm}^{-1}$ 处出现两个弱肩峰，V_{SiOH} 为未受扰动的 C 型 SiOH 团的基频 OH-伸缩振动（$3\,740\text{cm}^{-1}$），且在 $3\,700\text{cm}^{-1}$ 以后全部被吸收。说明欧泊受热到 300℃ 时，部分孤立水分子失去，全部液态水失去。因此，在对天然欧泊进行改善时，加热应在稳定低温下进行。

七、改善绿松石

具有独特天蓝色的绿松石，主要是由含水的铜铝磷酸盐组成的隐晶质集合体，其中常有埃洛石、高岭石、石英、云母、褐铁矿、磷铝石等与之共生。这些共生矿物对绿松石的品质有所影响。

纯洁的绿松石体色由于 Cu^{2+} 离子存在决定了其蓝色的基色，而铁的存在和铜与水的流失，将影响其颜色的变化和结构变化。

另外，绿松石颜色，在酒精、芳香油、肥皂水和其他一些有机溶剂作用下，可发生褪色现象。因此,品级不高的绿松石,需要进行人工改善,以提高其美学价值和经济价值,满足古今中外人士的喜爱和佩戴。

(一)改善工艺

由于绿松石都有一定的孔隙(特别是泡松),通过不同的改善方法,可使一些外观较差、结构松散、颜色不佳的绿松石得到大大的改善。

1. 异物加注

(1)注油

将绿松石浸泡在汽油等液体中,以改变其颜色和光泽。但浸泡后的样品,极易褪色。这是一种传统的改善方法,现已少用。

(2)浸蜡

将绿松石浸泡在石蜡(虫蜡、川蜡)液中煮滚,可加深绿松石的颜色,封塞细微孔隙。

(3)注塑

将绿松石浸泡在无色或有色塑料液中煮渗,有时也可添加着色剂。当塑料充分进入孔隙或裂隙后,取出,清除表面多余塑料。这种方法可提高绿松石的稳定性,增加表面光洁度,减少表面光的散射,使绿松石呈现中等蓝色色调,外观得以改善。

(4)注水玻璃

将绿松石在水玻璃(硅酸钠)中浸泡,使水玻璃浸入绿松石孔隙或裂隙中,冷凝固结,以增强绿松石的稳定性,提高绿松石的透明度。

2. 染色

利用绿松石的多孔性,将其浸没于无机或有机染料中,使浅色的或近白色的绿松石染成所需颜色。待染色液渗入宝石内部后,再加热去水,使染色液发生化学反应,让蓝色染料(或颜料)沉附在孔隙中,使宝石呈色。

(二)改善绿松石特征

改善绿松石与对应的天然绿松石相比,具有如下特征:

(1)注油绿松石

绿松石注油后,极易褪色,现极少用。烧之冒烟,热针探之"出汗"。

(2)浸蜡绿松石

热针触之蜡熔"出汗";暴晒或受热后褪色。

(3)注塑绿松石

折射率低于1.61,密度小于$2.76g/cm^3$,硬度一般仅为3~4,表面易出现刮痕。放大检查,可见气泡。热针试之,有特殊辛辣气味,并出现烧痕。红外光谱,出现塑料引起的吸收谱线($1\,450$~$1\,500cm^{-1}$间的强吸收,在新的注塑品种中,则出

现 1 725cm^{-1}的强吸收带）。X射线衍射分析,有块磷铝矿相。（图 6-8）

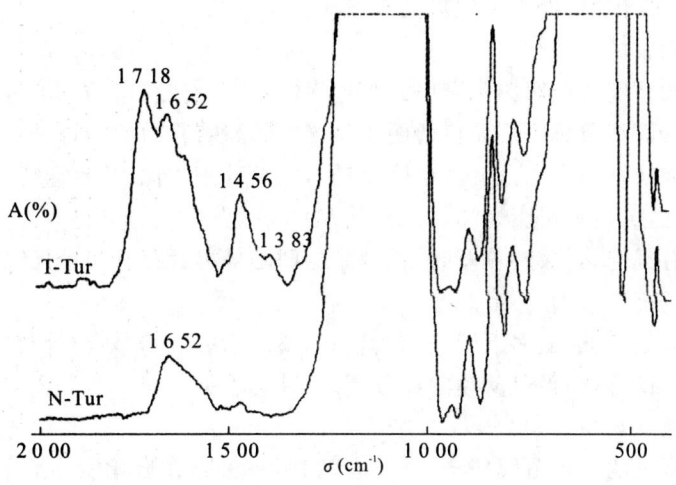

图 6-8　天然与充填绿松石的红外光谱
N-Tur:天然绿松石；T-Tur:充填处理绿松石

（4）注水玻璃绿松石

密度降低,通常为 2.40～2.70g/cm^3,放大观察,可见气泡。

（5）染色绿松石

颜色不自然,深蓝绿色或深绿色,分布过于均匀；在裂隙处因染料聚集使颜色变深；色层很薄,一般在 1mm 左右；在样品表面的剥落处和背后的坑凹处,可露出未染色的浅色核；用蘸氨水的棉球拭之,可使棉球呈蓝绿色。

八、改善琥珀

琥珀是中生代白垩纪至新生代第三纪松柏科植物的树脂,经地质作用而形成的有机混合物,即松柏树树脂埋在地下经石化作用和成岩作用而形成的。颜色繁多,其中浅黄—蜜黄色的称蜜腊,红色者称血珀,金黄色的称金珀,含生物遗体的称虫珀,紫外灯下呈蓝色的称蓝珀,石化程度高、硬度大的叫石珀,有香味的叫香珀等。

琥珀易氧化,色变与脆裂,并常含沙、石、虫、草等不洁之物,故常需改善更新。常见的有压结琥珀和覆膜琥珀等。

（一）覆膜琥珀

近年来常见的覆膜琥珀,有无色覆膜和有色覆膜两类,其中有色覆膜又有全部覆膜和部分覆膜之分。

这些覆膜处理方法增强了琥珀的光泽,部分改善了琥珀的颜色和浅色琥珀中"太阳光芒"的立体感,提高了琥珀品级。

1. 覆无色膜琥珀

由于琥珀硬度较低,具有易刻划、难抛光的特点。现在市场上出售的琥珀产品99％左右其表面都覆有一层无色透明的亮光膜,以达到增强光泽和抛光的目的,并起到了一定的防划伤作用。无色覆膜琥珀与天然琥珀相比,其鉴定特征如下:

①光泽强,可达亮树脂光泽。

②膜中有气泡,当涂层较厚时,在制品的凹陷处可封存有大量气泡,用针挑拨,薄膜会成片脱落。

③用针刻划,其表面多下凹,有黏、软感,不易崩裂,与刻划塑料制品手感相似。

④红外光谱检测,无色薄膜的成分复杂,种类不一。

2. 有色覆膜琥珀

市场上常见的有色覆膜琥珀,主要有两种,一种是在琥珀制品底部覆有色膜,以提高浅色琥珀中"太阳光芒"的立体感;另一种是琥珀制品表面喷涂一种有色光亮膜,使琥珀呈现不同深浅红色的血珀或棕黄色的"老蜜蜡"。

有色覆膜琥珀的特征,可作为鉴别依据。

(1)底部覆有色膜的琥珀特征

①放大观察,可见覆膜琥珀的颜色层浅,无过渡,着色不均匀。

②覆膜表面常留有喷涂的痕迹。

③用针挑拨,薄膜有时会成片脱落。

④红外光谱能检测出薄膜的成分,是与琥珀不同的。

(2)表面覆有色膜的琥珀特征

①放大观察,可见覆膜琥珀的颜色层浅,无过渡,着色不均匀。

②由于喷涂量较大,覆膜琥珀表面凹陷处有时会产生颜色浓集现象。

③由于喷涂不匀,覆膜琥珀表面凹陷处有时会出现未着色的现象。

④用针挑拨或丙酮浸泡后,薄膜有时会成片脱落。

⑤红外光谱可检测出琥珀不应有的薄膜成分。

对于覆膜琥珀,按国标(GB/T16552)中薄膜的定义,为"用涂、镀、衬等方法在珠宝玉石表面覆着薄膜,以改善珠宝玉石的光泽、颜色或产生特殊效应",应属改善宝石的"处理"类型,在鉴定证书中必须加以注明。

(二)热处理琥珀

为提高琥珀透明度、净度、颜色和块度,常采用油煮和再造方法对其进行优化处理。

1. 油煮琥珀

为增加琥珀的透明度,将云雾状琥珀放入植物油中加热煮沸,使琥珀更加透明。这种热处理的琥珀常具有"睡莲叶"、"太阳光芒"的叶状裂纹。

2. 再造琥珀

再造琥珀在再造宝石的章节中已做论述,但在再造过程中,热能起着重要作用,因此,在一定程度上,再造琥珀亦属热能工艺范畴。

再造琥珀,可分为熔接琥珀、压结琥珀和模压琥珀三种。

压结琥珀是再造琥珀的一种,以天然琥珀为原料,经中低温加热和加压而成整体外观的有机宝石。

压结琥珀具有与天然琥珀及熔接琥珀不同的特征,可做鉴定依据的明显表现在:

(1)暗红色的丝状体

压结琥珀中具有肉眼可见的暗红色丝状、云雾状、格子状的血丝。这是老化的琥珀原料因氧化作用所形成的一层薄薄的红色氧化膜,在紫外荧光下看得更清楚。天然琥珀因温度、湿度等影响有时也会炸裂形成裂隙被氧化呈红色,但其呈树枝状沿裂隙分布而不是沿颗粒的边缘分布。

(2)动植物包体

在压结琥珀中见不到完整无缺的动物或植物包裹体,也不见外来物质的引入。

(3)气泡

压结琥珀中含有丰富的气态包体,这些气泡除来自原来天然琥珀外,颗粒与颗粒之间以及在搅动过程中也会形成新的气泡,不规则地分布在整块琥珀中,密集细小,虽在加热过程中也会炸裂呈睡莲状"琥珀花",只是特别细小,且多为一层一层地空间排列。

(4)流动构造

虽然压结琥珀有时也明显或不明显地出现流动构造,与之相伴的是颗粒之间界限不明显,内部看起来非常均一,但天然琥珀中有时也有这种构造。

(5)发光性

在紫外荧光灯下,压结琥珀具有天然琥珀的发光性质,这种发光性常使琥珀颗粒的边缘和轮廓被显露出来,可清楚看到单个个体的结合和颗粒的形状,观察有暗红色血丝状体的样品,可以看到颗粒的界限沿着丝状体分布。

3. 染色琥珀

琥珀染色来历久远,古代使用天然植物染料,把琥珀染成各种颜色(红色、绿色、紫色等)以仿老化琥珀特征。现代染色,一些珠宝制造商也还用有机染料,因为琥珀也是有机物,二者易发生反应,使染料生色团渗入琥珀内部,从而产生不同颜色的琥珀染色品。

九、改善珍珠

珍珠被誉为宝石皇后,它浑圆成型,色彩柔和,珠光照人,洁白秀丽,倍受世人珍爱。珍珠具有特殊的体色、伴色和晕彩综合的颜色和特有的光泽,极易区别于任何珠宝玉石。

美丽的珍珠进行优化处理,将使其颜色更加秀丽悦目,商业价值更高。珍珠的改善方法分优化与处理两大类型。

(一)优化珍珠

珍珠的优化工艺,一般分为预处理—净化—漂白—增白—上光等工艺流程。

1. 预处理

珍珠预处理的好坏,直接影响到后续工艺的效果。预处理主要包括分选和打孔等环节。

(1)分选

根据国标(GB/T18781)《养殖珍珠分级》要求,按大小、形状、光泽、颜色、珠层厚度等进行分级分选,以便分别进行处理。这不仅有利于经济价值利用,同时,由于不同类型珍珠的珠层厚度不同,所含有机色素团及杂质不同,所采用的试剂、用量、浓度、时间等参数都有差异,分选述有利于优化效果的提高。

(2)打孔

对分选后的珍珠进行打孔,根据加工工艺要求,打孔有打半孔、打全孔,打孔还可减少或消除珍珠表面的坑点缺陷,并促进净化与增白等效果。

2. 净化

净化是利用净化剂去除珍珠表面的污物和水份,其过程为:

(1)膨化

用苯(C_6H_6)和氨水(NH_4OH)的混合液,低温(35~50℃)浸泡珍珠几小时后,取出,再用去离子水清洗几遍。膨化的目的,主要是为了使珍珠结构中孔隙连通性增强些,即变得"松散"一点。

(2)脱水

珍珠膨化清洗后进行脱水。脱水时先用洗涤液浸泡珍珠一段时间,取出用清水冲洗几遍,晾干;用无水乙醇或纯甘油等做脱水剂,除去珍珠结构内的孔隙和裂隙中的吸附水。

(3)日照

珍珠经膨化、脱水后,置于日光下暴晒,晒干。

3. 珍珠漂白

始于1924年的珍珠漂白工艺是珍珠优化过程中最重要的一环，因为珍珠常常由一些有机色素团和杂质离子存在而呈现不良杂色，影响珍珠颜色品级。珍珠漂白，实际上是一种化学反应，所用漂白液是由漂白剂（双氧水）、溶剂（有机溶剂、水）、表面活性剂（醇类、酮类、醚类等）和PH稳定调节剂（三乙醇胺或硅酸钠）四部分混合而成。目前，珠宝界多采用双氧水漂白和氯气漂白两种方法。

(1) 双氧水漂白法

将珍珠浸泡于浓度为2‰～4‰的双氧水（H_2O_2）溶液中，温度控制在20～30℃，PH值在7～8之间，同时将其暴露在阳光或紫外线下，经过约20天左右的漂白，珍珠即会变为灰白色或银白色，变为纯白色最好。

该工艺主要包括漂浸、抽洗、换液、挑珠、去污5个步骤。所需设备主要有光照恒温装置、漂白容器和真空抽洗装置。漂白液的配方是保密的，日本一研究所于1930年曾提出一个配方：3‰的H_2O_2 1 000ml，苯10ml，乙醚10ml，用氨水中和，加入适量PH稳定剂，温度30～50℃以下，表面活性剂为二氧六环，稳定剂三乙醇胺。

(2) 氯气漂白法

氯气的漂白能力比双氧水强，使用不当会使珍珠变得易脆和易碎，或者在珍珠表面留下白垩色的粉状表面。所以，通常不太使用这种漂白方法。

4. 珍珠增白

漂白法因不能完全消除有机色素团而完全变白，漂白后珍珠的底色，基本以白色为主体。为提高珍珠的白度和光泽，尚需对珍珠进行荧光增白处理。荧光增白法是一种光学增白的方法，它是利用光学中互补色原理，达到珍珠去黄除杂色而增白的目的。

使珍珠增白的增白剂，是一种特殊的荧光涂料，它能发射与黄色成互补色的400～500nm蓝色荧光，从而使珍珠外观呈蓝白—白色。目前常用的增白剂有，AT、DT、VBL、PBS、WG、RBS等，其用量一般在0.5%～3%左右。

荧光增白剂分直染型（水溶性）和分散型两种。

(1) 直染型增白法

在漂白过程中将增白剂与漂白液同时使用，也可单独使用。

如果单独使用，事先应将珍珠净化处理，然后用增白液浸泡。增白液中，除了增白剂外，也还有溶剂（水和有机溶剂）和表面活性剂等助剂。使用该法，要求的水质很高，不含铁、铜等金属离子，一般需要软化处理。

(2) 分散型增白法

即用固体粉末来增白珍珠色泽，这是目前日本采用的第三代增白新工艺。具体工艺不详，很可能是通过某种方法把某种荧光增白剂渗透充填到珍珠的内层及珍珠表面的孔隙之中,使珍珠表面呈现醒目的白色。

5. 上光

上光,即抛光。珍珠抛光,也是一种很重要的工序。好的上光可增强漂白、增白效果。目前采用的抛光材料有:小竹片、小石子及石蜡,也有用木屑、粒状食盐、硅藻土等。

珍珠经抛光后,再用洗涤剂洗净,晒干。

(二)处理珍珠

1. 染色珍珠

目前市场上,除了白色珍珠外,大多数有色珍珠(黑色、银灰色、粉红色、红色、橙黄色等)都是经过染色处理的。

珍珠的染色工艺与漂白工艺类似。珍珠经预处理和净化后,放入抽滤瓶中抽成真空,再放入染色液中浸泡(温度在 30～40℃以下)一两天,着色为止。

染色液由染料(多为有机染料)、溶剂(纯水、有机溶剂)和助渗剂(碘化钾或吡啶)组成。常用的染料有桃红、粉红、品红等。

珍珠的染色可分为化学着色和中心染色两种方法。

(1)化学着色法

将珍珠浸泡于某些特殊的化学溶剂中,着色。如用稀硝酸银和氨水做染液,浸泡珍珠呈黑色;用冷高锰酸钾做染料,可染成棕色。

(2)中心染色法

先将珍珠膨化除杂后,用特定染料注入珍珠的孔隙和孔洞中,使珍珠显色。

不管哪种染色法,都有一定的欺骗性。染色的珍珠,颜色艳丽,色泽均一。染料往往在珍珠的孔隙和空洞裂隙中浓集。

2. 辐照珍珠

γ射线辐照法是始于 20 世纪 60 年代的珍珠改善工艺,目前大量应用。所用放射源为 ^{60}Co,强度为 $3.7 \times 10^{13} Bq$,辐射距离为 1cm,辐照时间为 30min 左右。经过辐照的珍珠,可产生蓝灰色和黑色,海水珍珠的颜色比较深一些。另外,中子辐照某些淡水珍珠,可产生银灰色。

辐照珍珠的颜色,对光和热是稳定的,在色调上易与硝酸银染色区分,但辐照可能引起放射性,而且不是所有珍珠都可利用辐照改变颜色。

3. 填隙珍珠

珍珠表面往往有一些细小的裂隙和丘斑,影响珍珠色泽和光洁度,必须予以修整和愈合。处理方法有两种。

(1)剥皮削丘

用极细小工具,精心剥掉珍珠不美观的表层瑕疵,以求表面光洁平整,并希望在表层之下出现一个更好的珠层,达到改瑕为瑜的目的。

(2)充填孔隙

珍珠表面的细小裂隙,或剥皮削丘留下的痕迹,必须予以修补填隙。具体方法是:将剥皮、削丘、去污的珍珠浸泡于热橄榄油中。油的渗透,使珍珠表面裂隙、创伤面渐渐愈合修复,达到表面光洁圆润、色泽亮丽的目的。如果橄榄油加热至150℃,珍珠表面将产生一种深棕色。

(三)改善珍珠鉴定

珍珠经过上述优化或处理后,变得色泽艳丽、光洁圆润。对于改色处理的珍珠,与原生珍珠的鉴别特征如下:

1. 颜色特征

(1)染色珍珠

染色黑珍珠,颜色均匀,但在有病灶、裂隙的地方色深,出现局部颜色分布不均匀的现象。对打孔的染色珍珠,在孔口旁、表面裂隙、瑕疵处、除瑕剥皮处,常有颜色浓集和细小色斑现象。在串珠的丝线上,可见色染痕迹。若用蘸稀硝酸棉球擦拭染色黑珍珠时,棉球将染上黑色。其他鲜艳颜色的染色珍珠,其色展布与染色黑珍珠相同,若为串珠,彼此色调和浓淡一致。

(2)内核

被染成黑色的有核珍珠,在钻孔中可以看到珠核白、珠质黑的强烈色差;染成其他颜色的有核珍珠,其珠核和珠质层都被染色,可见黑色内核。经辐照改色的有核珍珠,则其珠核透出黑色,而珠质层近于无色透明。

(3)伴色

经辐照改色的黑珍珠,晕彩光谱色浓艳,同时伴有金属光泽,但颜色均匀,没有养殖珍珠伴色的多样性。

2. 紫外荧光

染色珍珠多为惰性,淡水珍珠常出现黄绿色荧光,海水养殖珍珠常出现弱的蓝白色荧光。

另外,一般来说,染色黑珍珠粒径大于9mm,而染色或辐照改色的珍珠多小于8mm。

十、其他改善宝石

目前的珠宝市场上,几乎所有的天然珠宝玉石都可用来进行改善,甚至出现了合成宝石的改善品。

现将常见的珠宝玉石改善品的特征,汇总表6-1(P92),以供参考。

第七章 人工宝石检验

近些年来，人工宝石已经成为珠宝市场的主力军，而且随着高新科技的应用，生产工艺和设备日趋先进，生产技术水平越来越高，难以识别的新型人工宝石也不断问世。因此，无论是珠宝玉石鉴定者或珠宝首饰经营者，都必须了解人工宝石的生产工艺，更新检测手段，准确识别各种类型的人工宝石产品。

虽然人工宝石的鉴定是珠宝玉石检验的主要内容之一，但并非易事。一是人工宝石划分标准各国不一；二是检测技术和手段往往落后于生产工艺，难以或不可识别；再者是制造商、经销商与检测机构之间缺乏法律制约的信息交流平台。

众所周知，不同种类的宝石经过不同生产工艺处理后，在原有宝石特征基础上又加上生产工艺的"烙印"，使其物理化学性质及内部结构发生不同程度的变化，这就给鉴别工作提出了更高要求，增加了更大的难度。但由于天然宝石与人工宝石存在巨大的价值差异，因此鉴别彼此差异就显得尤为重要。

就鉴定而言，对于鉴别人工宝石，一般是先总体观测再物化检验，最后做结论。

第一节 总体观测

人工宝石，在外观上往往可给鉴定工作者提供一些重要信息，有助于寻找鉴别特征，判定其真伪。观测内容与观测方法如下。

一、颜色

颜色是评价宝石经济价值的主要依据之一。天然宝石的理想体色由于极为罕见而昂贵，故对这样或那样有缺陷的有色宝石进行人工改色，或制造色泽美丽的人工宝石以达物美价廉之目的。

颜色是一种具有一定波长的电磁波。人工宝石的颜色是宝石对可见光区域内不同波长的光选择吸收后透射或反射出来的余光混合色。因而人工宝石颜色可分为反射色、透射色和色温三种类型。人们常以色调、色强、色度及色形来评价人工宝石的颜色等级。

1. 色调

用以表征宝石的各种光谱色。宝石的颜色分为彩色和非彩色两类。非彩色是黑、白、灰三色；彩色有红、橙、黄、绿、青、蓝、紫七色，通常以主波长表示。

2. 色强

是颜色的明亮程度,以宝石的视觉透射率表示。它与进入人眼的光量成正比。色强取决于宝石的折射率大小,宝石款式的设计是否合理,宝石表面光洁度和宝石颜色的深浅。

3. 色度

是指颜色的鲜艳程度,即可见光谱中各主波长(单色光)的饱和度。单色光饱和度(即在混合光中所占百分比)越高,宝石色彩越鲜艳。

4. 色形

是指颜色在宝石中的存在形式和分布均匀程度。

5. 评价条件

在对宝石颜色进行观测时,要在白色背景上使用顶光照明(反射光)观察宝石表面。不可用透射光来判断颜色,而且光源最好是日光或与之等效的光。因为宝石(尤其是带有红色调的)在白炽灯下和在日光灯下所呈现的颜色稍有不同。

6. 评价标准

根据宝石颜色的色调是否纯正、色强大小、色度高低和色形好坏等要素,可将宝石的颜色划分为好、中等、一般三个级别。

二、光泽

宝石光泽是指宝石表面对可见光的反射能力,它取决于宝石自身的折射率和表面光洁度。也就是说,宝石的光泽是反射光量与透射光量的总和。宝石的光泽可分为:

1. 金属光泽

宝石的折射率大于 3,为金属表面所显示的一种光泽类型。如自然金、自然银、赤铁矿等。

2. 金刚光泽

宝石折射率一般在 $2.0 \sim 2.6$,如金刚石表面所显示的一种光泽类型。

3. 亚金刚光泽

宝石的折射率在 $1.9 \sim 2.0$,介于金刚光泽和玻璃光泽之间,如锆石。

4. 玻璃光泽

宝石的折射率在 $1.54 \sim 1.90$,具有如同玻璃表面所反射的光泽。大多数宝石属这种类型,如水晶、刚玉类宝石,祖母绿等及其合成品。

5. 亚玻璃光泽

宝石的折射率在 $1.21 \sim 1.54$,其反射能力稍低于玻璃光泽,而大于土状光泽(宝石无此光泽),如欧泊、萤石等。

6. 特殊光泽

某些宝石由于具有特殊结构,可造成一些与上述光泽不同的特殊光泽,如珍珠光泽(朦胧的晕色),丝绢光泽(由纤维状集合体所致,如木变石),油脂光泽(如琥珀),沥青光泽(如煤玉等黑色宝石)等。

宝石经琢磨后其光泽多有变化,大部分都有所增加。

三、密 度

密度是指单位体积的质量。

$$密度 = 质量/体积$$

不同的物质,具有不同的密度。密度的大小取决于组成元素的原子量,原子或离子半径以及堆积方式。

(一)计算法

通过宝石的成分分析和结构分析,求出宝石晶体化学式中元素的原子量之和(M),单位晶胞中相当晶体化学式中的分子数(Z)和晶胞体积(V)。根据公式,可算出宝石的密度(Dm):

$$Dm = MZ \times 1.6608 \cdot 10^{-24}/V$$

(二)称量法

(1)在空气中称量宝石的质量(m);

(2)在液体中称量宝石的质量(m_1);

(3)求出 m 与 m_1 的质量差值($m - m_1$);

(4)结果表示。

根据计算公式算出密度值

$$\rho = m/m - m_1 \times \rho_0$$

式中:ρ 为样品在室温时的密度(g/cm^3);

m 为样品在空气中的质量(g);

m_1 为样品在液体中的质量(g);

ρ_0 为不同温度下液体的密度(g/cm^3)。

(三) 比较法

(1)配制密度为 $2.57g/cm^3$、$2.67g/cm^3$、$3.05g/cm^3$、$3.32g/cm^3$ 等重液备用;

(2)用镊子把清洗干净的样品完全浸入已知密度的重液中;

(3)把镊子靠在重液容器内侧,以逸除气泡;

(4)样品浸在重液中放松镊子,估计样品的密度。

①样品下沉,其密度大于重液的密度;

②样品浮起,其密度小于重液的密度;

③样品浮在重液中,其密度与重液的密度几乎相等。

根据样品在该重液中上浮或下降的速度,连续更换重液,直至重液的密度十分接近样品的密度。

四、特殊光学效应

宝石的特殊光学效应,是包裹体对光的反射(折射、散射),光的选择性吸收,或光的干涉所产生的。

(一)光反射(折射、散射)所产生的特殊光学效应

1. 猫眼效应

弧面形宝石在光照下,在其表面呈现出可以平行移动的丝绢状光带,像猫眼睛的虹膜。如金绿宝石、电气石、绿柱石、磷灰石、石英、辉石、人造猫眼石等等常具有猫眼效应。

2. 星光效应

弧面形宝石在光照下,其表面呈现出相互交会的光带,好像夜空中的星光,故称星光效应。星光有三射、四射、六射、十射与十二射等等。具星光效应的宝石有透辉石、石榴石、红宝石、蓝宝石、合成星光红(蓝)宝石等。

3. 金星效应

宝石内部含有大量的平行双晶面排列的不透明或半透明的固态包体(云母、硫铁矿、赤铁矿、金属片等),在光的照射下反射出星点状的、亮而鲜艳颜色的特殊现象,称金星效应,亦叫金砂效应。如日光石、星彩石英、人造金星石等。

(二)光选择吸收所产生的特殊效应

变色效应:宝石在不同光源照射下呈现出不同的颜色的现象,叫变色效应。如变石、蓝宝石、碧玺、尖晶石,人造变石等。

(三) 光的干涉作用所产生的特殊效应

1. 变彩效应

当宝石具有聚片双晶结构或内部具有规则排列的无数圆形小球状硅石的时候,在光照下呈现的虹彩闪光现象,叫做变彩效应。如拉长石、欧泊、合成欧泊等。

2. 晕彩效应

宝石中的裂隙、解理或裂理中充填有空气或水分,在光照时产生的干涉色条纹(虹彩),叫做晕彩效应,石英常有此现象。

(四) 人工虹彩效应

宝石改善品可以出现一些天然宝石所没有的特有光学效应,如金属镀膜的虹彩现象。

另外,人造特殊光学效应,如人造的猫眼效应、星光效应、变彩效应等,只要仔

细观察,它与天然宝石中自然形成的特殊光学效应还是有差异的,看起来显得特别亮丽,不自然、不活泼,生硬呆板。

五、外部特征

(一)表面特征

宝石经改善工艺处理后,往往其表面会留下天然宝石没有的显微特征。如高温高压处理的宝石表面可见熔蚀的坑点;高能粒子辐照处理后在其表面会有颜色斑点存在;染色或充填处理的,颜料或充填物分布于宝石裂隙或孔隙;强酸(碱)净化处理的,会在宝石(玉石)表面出现网状裂纹等。

晶体触媒法合成钻石,其晶体的表面特征会因生长条件变化而有所不同。当温度过低时,晶体的边缘常突出而中心凹陷,有的整个成凹面;当温度过高时,新生晶面将遭到溶解,由于边缘首先溶解,使整个晶体变圆;在适当的温度条件下,晶面平整,晶棱平直。另外在合成钻石{111}面上有三角突起,在立方体或八面体晶面上可有螺旋纹,延伸到{110}方向。

(二)形态特征

优质的人工宝石晶体,在其生长过程中,往往从结晶过程和冷却过程中,都将受到生产设备,控制系统,生长取向及结晶速度等影响,尤其是合成宝石、人造宝石及再造宝石的晶体形态。

(1)焰熔法人工宝石形态特征

焰熔法生长晶体在不停旋转的状态下,若横向及纵向温度分布不均匀,则结晶后将会厚薄不同,严重时直接影响晶体外形。如果在生长过程中下料速度、温度和下降速度相互协调良好,则生长出的梨形晶体具有凸的顶面;如协调不好,热量不足时梨形具有平的顶面;当严重失调时,热量严重不足,氧的压力过高,梨形顶面呈凹形,而凹顶的晶体应力大,易于开裂。焰熔法生长的晶体,其内部还常见有弧形生长纹和色带,有时在晶轴垂向上出现裂纹(如合成尖晶石)。

(2)水热法人工宝石形态特征

水热法能够生长出较完美的优质大晶体,而且与天然宝石较接近。溶液的过饱和度、矿化剂性质与浓、生长区温度及温差、容器内压力及充填度、籽晶取向、培养料、杂质及对流挡板等,都会影响晶体的大小、质量及形状。如浙江省台州市椒江的"浙江水晶厂"生长的晶体最大可达10kg。但合成水晶由于生长过程中受到不同环境影响,而不同程度的存在有双晶,包裹体,位错,腐蚀隧道,生长条纹等缺陷。依双晶外观特征常分为凹陷型双晶、多面体双晶、鼓包双晶和花絮状双晶四种。

水热法合成的红(蓝)宝石晶体形状多为厚板状-板状,常见单形有六方双锥

$\{22\bar{4}1\}$和$\{22\bar{4}3\}$,次为菱面体$\{01\bar{1}1\}$,偶见复三方偏三角面体$\{35\bar{8}1\}$、$\{13\bar{4}1\}$及平行双面$\{0001\}$。在六方双锥晶面上普遍发育有各种生长花纹,较为常见的有舌状或乳滴状生长丘、阶状生长台阶、格状生长纹理和不规则生长斜纹,偶见放射纤维状条纹。虽然水热法合成的刚玉类宝石颜色均匀、晶体晶莹透明,但部分晶体可出现开裂现象,如合成红宝石晶体的开裂有两种,一种是沿籽晶面开裂,一种是在$(22\bar{4}3)$晶面上呈不规则的网状开裂;而合成黄色蓝宝石晶体的开裂有三种情况:一是沿晶体菱面体方向两组裂开,二是沿籽晶片中央裂开,三是沿籽晶与晶体结合面裂开。

(3)助熔剂法人工宝石形态特征

与水热法相似的助熔剂法生长的宝石晶体尺寸较小,因内应力大常引起晶体碎裂、破坏性相变,晶体表面常黏有助熔剂组分、平直的生长条纹、生长丘或卷线。

(4)提拉法人工宝石形态特征

提拉法生长的宝石晶体为圆柱状,有籽晶痕迹,界面有位错和弯曲的生长条纹。

(5)熔体导模法人工宝石形态特征

熔体导模法生长的晶体,是定型晶体。该法能够直接从熔体中拉制出丝、管、杆、片、板、以及其他各种特殊形状的晶体,其外形尺寸能够较精确地适合于使用上的要求。但因熔体导模法与晶体提拉法一样使用了籽晶,生长的晶体有籽晶的痕迹。

(6)高温高压法人工宝石形态特征

高温超高压法生长的合成钻石,晶形一般为立方体与八面体的聚形。晶体在生长过程中,若压力不变,温度梯度大时,晶形为仅由$\{111\}$面包围的八面体,经常出现$\{110\}$、$\{113\}$以及其他高指数晶面;若温度不变,压力增加时,钻石晶形会从八面体转变成立方体;压力不变而温度增加时,钻石晶形从立方体转变为八面体。"BARS"法合成钻石晶体表现出六八面体的晶形,或是在晶形上有轻微的歪曲(如:不均衡的发育,缺失某个晶面或是晶面不平整等)。

六、内部特征

宝石的内部特征,特别是包裹体特征是最具鉴别力的,其次还有内部裂隙、解理、扩散晕等。

(一)包裹体

包裹体最具鉴定意义,尤其是在区分天然宝石和人工宝石,以及不同产地的同种宝石鉴别是至关重要的。以其存在相态可分为气态、液态及固态三种;以其生成世代顺序可分为原生、同生及后生三类。

1. 天然宝石包裹体

人工改造的宝石，往往保留（残留）天然宝石（或人工宝石）的包裹体。这是天然宝石在结晶时，其内部所包含的种种同种或异种包裹物。这些客晶在主晶内随机组合，排布多样，大小不一，形态各异。研究包裹体是宝石学界一项迷人的且教育价值极高的课题。因为包裹体的模式，可为主晶生长时的物理与化学环境提供极有价值的资讯，不同成因宝石的内含物是其特有的，所以来自特有产地的特定宝石的内含物，常是该宝石与该产地的特征。

(1)包裹体的相态分类

①液态与气态包裹物，均位于主晶空胞中，空胞呈各种形态，有为空晶的，有为圆形、椭圆形、楔形、鹿角形的。大小不同，大者肉眼可见，小的在显微镜下亦看不清仅呈极细小点，散布规则或不规则。为数极多时，可使主晶呈浊色或乳色，影响主晶透明度。

②固态包裹物，有晶质与非晶质两种。非晶质（玻璃）包裹物亦储藏在空晶或空胞中，充满整个空间或其一部分，通常需用显微镜才能窥测。多见于岩浆凝结或焰熔法合成的宝石中，如玄武岩、流纹岩中的长石、白榴石、普通辉石、石英等多含此类包裹物。

固态包裹物中的晶体或结晶质包裹体，作完全结晶，或作粒状、针状、薄片、鳞状或细末状以及微晶质，排列多为不规则状，亦有作并行状排列，如方解石细片在透辉石中作平行排列的包裹体。结晶质包裹体，往往不但作平行排列即不但与某一晶面平行排列，而且对于主晶持一种结晶方向。如钴铜辉石中的结晶质包裹体呈针状或细薄片状，各与一晶带的棱和 C 轴平行，并以此带的一面与古铜辉石(100)面平行，古铜辉石因含此种细片，在(100)面上呈现出一种古铜状金属光泽。

各种固态包裹物，有时在晶体中含量极多，能使主晶变色，如辉沸石为多数赤铁矿细片及细粒染成红色，普通辉石常为磁铁矿染成绿色或黑色，以致有时对矿物成分发生重大影响。

(2)包裹体的成生世序分类

天然宝石包裹体，根据主晶与客晶形成年代关系，可分为：

①原生包体。它形成于主晶晶体成生之前，而且与早世代矿物晶体或熔融残余物并存，如祖母绿中的阳起石与黑云母，石英中的绿帘石，钻石中的磁黄铁矿，红宝石中的尖晶石。总之，原生内含物永远是矿物。

②同生包体。与主晶晶体同时成长，并被包含在其内，它们与主晶晶体属于同一地球化学的含矿母岩组成部分。如海蓝宝石中的钠长石、白云母、石英、锰铝榴石与电气石；再如红柱石、刚玉、石榴石及石英中的金红石；钻石中的橄榄石、石榴石与辉石；红宝石、祖母绿及尖晶石中的方解石与白云石等。

同样由脱熔作用形成的包裹体,也属同生状态。如正长石内脱熔的钠长石造成月光石包体中的定向排列,或脱熔的针状金红石造成刚玉宝石中"丝状"效果(星光)。脱熔作用是最初的均质固熔体(混合晶体)分成的两个不同晶相。脱熔作用通常发生在固溶体冷却之时,脱熔矿物包体经常以结晶定向排列。

根据同生矿物包体与其主晶晶体共生的取向类型,可区分出其与主晶晶格面的外延或共轴附生两种。倘若客晶与主晶的化学成分不同,但有同类型的结构关系(一度或二度空间的晶格);如果两种矿物的差异只是结构上的(具有相同的化学成分),则附生于主晶体的几何晶架,此种关系称为共轴附生。如立方钻石中的六边形石墨,就是如此。

③后生包体。在其未完全形成之前,不会定居于主晶晶体内,即所谓的外来溶液(为外来物质所污染)渗入裂缝或解理内,在干涸时,沉淀其未溶解物质,部分成为非晶质,部分成为结晶内壁。这类裂隙常充满外来物质,在宝石中相当普遍,而且这些裂隙并未愈合。褐铁矿是许多宝石的后生包体。许多残留在人工注入处理的宝石裂缝中的注入剂也属后生内含物。

在结晶过程中,常发生早先沉淀的矿物再度不稳定,在新的环境中变形或是完全溶解。这种不稳定性的原因变化极大,因而出现了交互作用下的阶段性发育的矿物。宝石复杂的形成过程与其内含物,经常都有它的明显的标志。如斯里兰卡红褐色贵榴石颗粒状外观,系由无数极小磷灰石结晶在涡纹状组织内造成的;哥伦比亚穆佐祖母绿中具有黄褐色氟碳钙铈矿柱体;缅甸红宝石中方解石或白云石聚片双晶及涡纹状金红石小"针网";高棉百龄地区蓝宝石中的红色铀烧绿石客晶;均可作为宝石产地的特征。

宝石内含物常具动人心魄的图象造型,以及对宝石外观产生特殊效应,不仅引起购买者与收藏者的兴趣,更具科学研究的重要价值。

2. 人工宝石包裹体

人工仿制品的每个发明和创新,都要接受挑战并找出新的鉴定方法,即使是合成宝石,也总有各种范例与区辨的决定性因素可做为分辨"天然"与"人工"宝石的可靠的判定。即使人工宝石模拟天然宝石形成过程到相当接近程度,仍有特定的差异可用于辨识,最显著与通常不会出错的方法之一,是内含物的显微镜放大检查。

(1) 人造宝石内含物

①玻璃:除不规则形状的杂质外,有无数大小不一的气泡。气泡大小的一致性与结构的平坦性,明显的涡纹轮廓伴有大型气泡,无疑为玻璃的可信指标。

②塑料:流纹结构及其灰色干涉色,纱状细小而不透明的白色微粒仿"指纹状物"。

③熔焰法钛酸锶中"指纹状"图案以及应变产生的多彩应变图案；钇铝榴石中未熔残余物的"羽裂纹"和残熔球体或线状微粒排列；再造绿松石中有典型的粒状"芡粉"或"麦片粥"结构；合成立方氧化锆中有气泡，助熔剂等。

(2) 拼合石

在接触面往往有无数的浅色点及针状物、气泡、大气泡收缩的裂缝网。

(3) 合成宝石内含物

"羽裂纹"、"链状"的助熔剂残余的滴、管状物，"面包渣"、弧状生长线、无数气泡，"蛇纹图案"、"蜂窝"或"鸡笼"结构（合成蛋白石），合成祖母绿中的硅铍石、籽晶片。日本精工厂以浮区法生长的合成蓝宝石，以其模糊涡纹的不均匀性引人注意，使人想起喀什米尔蓝宝石的朦胧内部景象。

请注意，使用侧边斜向照明，弧形干扰线条也会出现在天然宝石中，这是宝石学家必须学习辨识的，以避免造成错误的判断。明显的弯曲，系由临近刻面的相互倾斜所造成，应用透射光，侧面照明。

①高温高压法合成宝石：翡翠无"翠性"，滤色镜下呈红色。

②水热法生长的宝石：气液包体，固液包体，籽晶片，釜壁上的脱落物。

③焰溶法合成宝石：无气液二相包体，可有玻璃气泡，有未融化料粉，密集的弧形生长环带或色带，星线清晰并交汇处不加宽，不加亮；刻面宝石的台面平行 C 轴，台面出现多色性，颜色由内向外逐渐加深；合成尖晶石出现光性异常现象。

④熔体法生长宝石：有坩埚材料 Mo、W、Pt、Ir 等金属包体，偶见气体包体和未完全融化的粉末状原料包体，在籽晶片周围出现有云朵状气泡集合体型包体及条带状包体，提拉法中可能见到被拉长的气态包体，在旋转提拉法中能见到很细的、弯曲呈圆弧状的生长纹，偶尔会有一些细微的类似于烟雾般的微白色云状物质。

⑤区熔法和浮区法合成宝石：可见到内部呈现乱而弯曲的生长分带和颜色分带，晶体中存在气泡。

⑥导模法合成宝石：产生气孔的气体包体，籽晶的缺陷也进入其生长的晶体中。

(4) 改善宝石

改善宝石内含物除未改善前的已有的包裹体外，更多的都是在改善过程中产生的。详见表 6-1。

(二) 裂隙

人工改造工艺，既可使宝石的原有裂隙愈合、消失，也可使宝石的原有裂隙扩宽或增加。愈合裂隙往往有愈合痕迹（多为玻璃质），新增裂隙多为爆裂纹、熔蚀纹或熔蚀坑。这些新增网裂坑凹，又多被充填物充填。

(三)色象

凡经能量活化和化学反应工艺处理的宝石常因原生致色固态包裹熔蚀和外来离子进入,使致色原子(离子)发生内扩散和外扩散,形成色带、色晕、色斑等不同色形特征,不均匀地分布宝石中,或分布在宝石表面、表层,或星散在宝石内部,或分布在宝石的裂纹中,尤其是染色体完全分布在人工宝石的裂隙坑洞中。

第二节 理化检验

当宏观整体观测还不能确定宝石性质时,应采用专门仪器设备进行微观理化检验,如成分分析、结构分析、物理分析等。

宝石有其固有的折射率、偏光性和谱学特征,但人工宝石及天然宝石改造品因晶体结构、物质组分的变化,导致其光学性质发生某种变化。因此,光学性质的检测在宝石检验中具有重要作用。

一、光学鉴定

(一)折射率

光在空气(或真空)中与在宝石材料中传播速度的比值叫折射率,也称折光率。测定宝石的折射率有许多方法。常用的方法有以下几种。

1. 折射法

折射法是采用宝石折射仪直接测定宝石折射率的方法。

宝石折射仪有两种构型:一种是全反射型折射仪,一种是反射型折射仪。

(1)全反射型折射仪,精密度为±0.002,测量范围1.400~1.800。

操作步骤:

①清洗或擦拭被测样品;

②将适量的折射油(1.800)点滴在样台一侧的金属板上;

③将样品的抛光面(平面或弧面)或晶面朝下,轻放于油上;

④轻推样品至样品台中央;

⑤由观察目镜读出折射率影像(线或点)所在标尺上的数值,该数值就是宝石的折射率;

⑥每转动宝石一次方位,测一次折射率值。如果只有一个固定值,则宝石为均质体;有两个折射率值,宝石属一轴晶(或二轴晶),若有三个值,则为二轴晶宝石。

(2)反射型宝石折射仪:精确度为±0.005,测量范围为1.300~3.000。

操作步骤:

①清洗或擦拭被测样品;

②将样品的抛光面(或晶面)朝下,水平放在折射仪测试窗口上;

③水平旋转样品一周,从读数盘上读出样品折射率值(单折射)或最大、最小的两个折射率值(双折射)。

最大折射率与最小折射率之差值,即为样品的双折射率。

2. 比较法

该法亦称液体浸没法。

我们知道,不同化学成分的液体有不同的折射率。液体的折射率可用折射仪(宝石折射仪、阿贝折射仪)来测定。为测量宝石的折射率,事先可以配制不同折射率的液体备用。

操作步骤:

①清洗或擦拭干净样品;

②样品浸没于已知折射率值的液体中;

③观察样品与液体接触的边线是否可见,若边线消失,表明样品折射率与液体折射率相等。或者看样品在液体中的突起,突起越低,其折射率越接近浸油折射率。

该法对拼合石或组合件鉴别特别有效。另外不同折射率的液体其密度值也不同,因此这种液体还可用来测量宝石的密度,所以这种液体又被称为重液(密度液)。

3. 阴影图法

为获得鉴定折射率超过宝石折射仪测量极限(1.800)的单折射圆钻琢型的仿钻的信息,此法值得一试。

(1)操作步骤

①顶面朝下浸入注满亚甲基碘(密度为 $3.33g/cm^3$)的油槽中,并使之完全浸没;

②槽置于白色背景下;

③笔式手电或其他强单色光源从油槽上方向下照射;

④观察宝石投影在白背景上的阴影图形、光谱色等;

⑤阴影图与类似宝石的阴影图进行比较,以识别图影的特征(图 7-1)。

(2)注意事项

①若样品太小,则得不到适合的阴影图;

②不标准的琢型或比例,会使正常阴影图发生变化;

③彩色样品的阴影图不如无色样品的;

④折射率大于 1.80 的单折射宝石,该法值得推荐,故在使用该法前先使用折射仪测试。

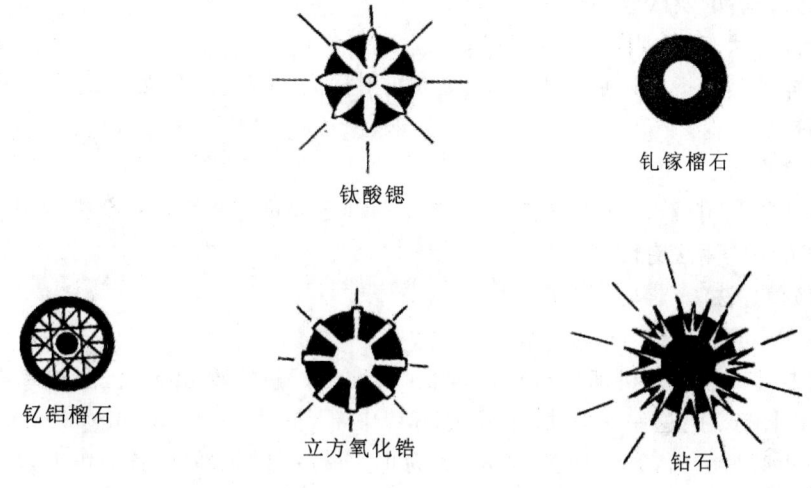

图 7-1　阴影图法区分真假钻石

4.测高法(高度法)

对于镶嵌的宝石和折射率大于 1.80 的宝石,可用测高法测出宝石的近似折射率。

该法是用千分尺(宝石)或 Leveridge 测尺(镶嵌宝石)测量宝石的高度和用显微镜测量样品视高度之比,来计算宝石的折射率。

(1)操作步骤

①将样品顶面朝上放在显微镜的锁光圈或宝石夹子上;

②在显微镜的固定臂上贴上刻度尺,或用显微镜微调旋钮上的千分尺;

③用千分尺或 Leveridge 测尺测出宝石的精确高度(即实际高度);

④调节到最大的放大倍数,使焦距对准宝石的顶面;

⑤在显微镜可动臂紧挨刻度表处作一标记,并使标记大约位于刻度表的中央,记下表上的数据;

⑥透过宝石顶面将焦距对准宝石底面,记下刻度表尺上的读数(或旋钮上读数);

⑦刻度表尺上记录的两读数之差即为视高度。

近似折射率等于实际高度除以视高度。

(2)注意事项

该法所测折射率精度受下列因素影响:

①视高度的精度;

②操作者的实践经验；

③样品状态(样品底面有损等)；

④样品是单折射还是双折射(如果双折射样品的双折射很强,则会出现另外一些问题)。

5. 贝克法

该法是利用偏光显微镜观察宝石与折射油之间贝克线表现状况来判定宝石折射率的方法。测法有两种：

(1)薄片法

操作步骤：

①制片。用切片机把宝石切成薄块,再在磨片机上磨出平面,用加拿大树胶(折射率 1.54)把这一平面粘在载玻璃片中部(其大小为 25mm×80mm,厚约 1mm)；再磨另一面,磨至厚度 0.03mm 为止。最后用加拿大树胶把盖玻璃片粘在宝石的薄片上。可见,薄片是由薄的矿块、载玻璃片和盖玻璃片组成。宝石薄片的上、下部都有一层折射率已知的加拿大树胶。如果宝石碎裂严重,在制片前需先浸在加拿大树胶中煮过(粘结起来)以后再切磨制片。

②调节显微镜。将偏光显微镜调节为单偏光状态,利用中倍物镜校正中心,打开底光源的透射光。

③将宝石薄片放在显微镜载物台中央,并用扣荀压住薄片。

④调焦距,寻找宝石与加拿大树胶接触处,可以看到一条比较黑暗的边缘,称宝石的边缘。在边缘的邻近还可见到一条比较明亮的细线,称为贝克线(becke Line)或亮带。缩小锁光圈,贝克线显得更清楚。

边缘和贝克线是由光波通过两种物质接触面时因彼此折射率不等引起的折射、全反射现象。根据彼此接触关系可有几种情况：

a. 接触面倾斜时,光线在接触面上均向折射率大的物质方向折射。

b. 接触面倾斜较陡时,有部分入射光的入射角大于全反射临界角,在接触面上发生全反射。

c. 接触面直立时,垂直的入射光不发生折射。但略微倾斜的光线发生折射的全反射,光线仍在折射率大的物质边缘集中。

不论哪种接触关系,总是使接触面的一边,光线相对减少,而形成较暗的边缘。

⑤观察贝克线移动方向。提升镜筒(或下降物台)贝克线向折射率大的物质移动；下降镜筒(或提升物台),贝克线向折射率小的物质移动。根据贝克线的移动规律,就可确定相邻两物质折射率的相对大小。

两种物质折射率相差在 0.001 时,贝克线仍清楚。如果用单色光,其灵敏度可达 0.0005。当两种物质折射率相差很小时,在日光下观察,由于折射率色散影响,在两物质折射率相差不大的无色矿物界限附近,有时贝克线发生变化,变成有色细线,即在折射率低的矿物一边出现橙黄色细线,在折射率高的矿物一边出现浅蓝色细线。当两种物质(即矿物与树胶)折射率相等时,边缘消失。

(2)油浸法

油浸法测定宝石折射率与前述的比较法(液体浸没法)有相似之处。但油浸法是将宝石制成油浸砂片在单偏光显微镜下测定宝石折射率的。

操作步骤:

①制砂片。将欲测宝石的碎屑($d=0.1\sim0.05mm$),撒在载玻璃片中部,摊平,互不挤靠。盖上盖玻片(面积不必过大),将已知折射率的浸油用玻璃棒(管)滴在盖玻片边缘,以虹吸作用浸油自动浸润宝石碎屑和整个空间。

②将油浸砂片置于偏光显微镜物台中央,在单偏光镜下寻找矿屑与油接触处,缩小锁光圈,在透射光下观察矿屑与浸油的折射率是否相等,并在不同光性方位进行比较,分别测定 N_e 与 N_o 或 N_g 与 N_p 值。

a. 当宝石折射率大于浸油折射率时,二者色散曲线交点位于蓝色光波波长处;对于蓝色光波,宝石与浸油二者折射率相等,蓝色光波不发生折射,在宝石边缘形成浅蓝色色带;对于橙黄等色光波,宝石折射率大于浸油折射率,橙黄色光波发生折射,在宝石边缘稍内形成橙黄色色带,这时下降物台,橙黄色色带向宝石内移动,而蓝色色带基本不动。

b. 当宝石与浸油的色散曲线交点位于橙色光波波长处,即宝石折射率小于浸油时,对于橙色光波,$RI_{宝石}=RI_{油}$,橙色光波不发生折射,在宝石边缘形成橙黄色色带;对于蓝绿等色光波,宝石折射率小于浸油折射率时蓝绿等光波发生折射,在宝石边缘稍外处形成浅黄色色带,下降物台,浅蓝色色带向浸油移动,橙黄色色带基本不动。

c. 当宝石与浸油色散曲线交点位于黄色光波波长处,即 $RI_{宝石}=RI_{油}$,对于黄色光波,若 $RI_{宝石}<RI_{油}$,黄色光波不发生折射;对于蓝绿等色光波,$RI_{宝石}<RI_{油}$,蓝绿色光波向浸油方向折射,在宝石边缘稍外形成浅蓝色色带;对于橙红色光波,$RI_{宝石}>RI_{油}$,橙红色光波向宝石移动,在宝石边缘稍内形成橙色色带。下降物台,浅蓝色色带向浸油移动,橙色色带向宝石移动,二者的移动速度及色带的宽度近于相等。

(3)晶体折射率测定

将晶屑油浸薄片置于正交偏光镜下,移动物台,若全消光,为均质体;若四明四暗,为非均质体。

①均质体。只有一个折射率。根据其光泽,选择浸油。根据贝克线移动情况,不断更换不同折射率的浸油,直至二者相等为止。当突起不甚明显时,可取正、负

二油的平均值,其误差应在 0.002 以内。

② 一轴晶。先在正交偏光下,选一个干涉色最低的碎屑测定光轴。

a. 测 N_o(通常只测 N_o)

选一个垂直光轴切面,正交下全消光,单偏光下不显多色性。锥光下显一轴晶垂直光轴切面干涉图。其光率体切面为圆切面,半径等于 N_o,测法同均质体。

若找不到垂直光轴的颗粒,可用斜交光轴的代替。因其光率体切面为椭圆切面,椭圆长、短半径中总有一个半径是 N_o,正光性 $N_o=N_p$,负光性 $N_o=N_g$。如果已测定光性符号,移动物台,使 N_o 平行下偏光镜振动方向 PP(此时消光),拉出上偏光,应用贝克线或色带移动规律,比较宝石 N_o 与浸油折射率相对大小,通过不断更换浸油,测定宝石 N_o。

b. 测 N_e

需要寻找平行光轴的切面,该切面的特征是在正交偏光光下干涉色最高,锥光下显闪图,单偏光下多色性最明显。确定光符后,在正交偏光镜下确定 N_e、N_o 方向。

转动物台,使 N_e 平行下偏光 PP,拉出上偏光镜,在单偏光下比较 N_e 与浸油 N 的相对大小。通过不断更换浸油,直至测出 N_e 和 N_o 值。

平行光轴的颗粒,一般不易测到。故测 N_e 时可采用吸油方法更换浸油。

③ 二轴晶折射率测定。二轴晶宝石虽有 N_g、N_p、N_m 三个折射率值,一般只测 N_m。

a. 测 N_m

选择一个垂直光轴的颗粒,其特征是:正交偏光下全消光或呈灰黑色,转动物台无变化或甚微。因其光率体切面为圆切面,其半径等于 N_m。故测法同均质体。

如找到垂直光轴的颗粒,可用垂直光轴面的斜交光轴切面颗粒代替(最好是光轴角不大)。该颗粒特征是正交偏光下干涉色最低,干涉图特点是:光轴面平行上、下偏光振动方向之一时,直黑带通过视域中心并评分视域,此时垂直黑带方向为 N_m 方向。转动物台,使 N_m 方向平行下偏光振动方向 PP(即直黑带平行 AA)。取消锥光,在单偏光下应用贝克线或色散条带的移动规律,比较宝石与浸油折射率相对大小,通过不断换油即可测定 N_m 值大小。

b. 测 N_g、N_p

选一个平行光轴面的颗粒,其特征是:干涉色最高,闪变干涉图,其光率体椭圆长、短半径为 N_g、N_p。

在正交偏光下确定 N_g、N_p 方向后,转动物台,使 N_p 平行下偏光振动方向(此时消光),拉出上偏光,在单偏光下用贝克线法或色散条带比较 N_g 与浸油折射率相对大小,通过更换浸油测定 N_g。

测定 N_g 后,转动物台 90°,使 N_p 平行下偏光振动方向 PP,比较矿物 N_p 与浸油高低。

(二)轴性

1. 一轴晶

正交偏光镜下转动物台 360°出现四明四暗的消光现象。

在锥光下根据消光影与干涉图确定:

(1)垂直光轴切面的干涉图

由两个互相垂直的消光影组成的黑十字和同心圆干涉图,黑十字交点在视域中心,干涉色图以黑十字交点为中心成同心环状分布,其干涉色级序由中心向外逐渐增高,色图也愈密。转 360°物台,均不变。

黑十字将干涉图划分为四个象限,放射线方向代表 N_e 方向,同心圆的切线方向代表 N_o 方向。插入试板,根据补色法则确定 N_e 与 N_o 相对大小:一、三象限色级升高为正光性($N_e > N_o$),色级下降为负光性(试板沿二、四象限插入)。

试板选用:干涉色图较少或只具一级灰干涉色时用石膏试板;干涉色图较多时用云母试板。

(2)斜交光轴切面的干涉图

其特征是:黑十字交点不在视域中心,故干涉图由不完整的黑十字和不完整的干涉色图组成。

当光轴方向与矿片平面法线的夹角不大时(光轴倾角不大)黑十字交点虽不在视域中心,但仍在视域内。转动物台,黑带作上下、左右平行移动,干涉色图随十字交点移动。

这时可以确定轴性及切面方向:若黑十字交点在视域内,测定光性符号方法与垂直光轴切面干涉图方法相同。如果黑十字交点在视域之外时,若视域内只见一条横黑带,转动物台,黑带向下移动,表明黑十字交点在视域外的右方;若黑带上移,表明黑十字交点在视域外的左方。若视域内只见一条直立的黑带,顺时针转动物台,如果黑带向左移动,表明黑十字交点在视域外的下方;如果黑带向右移动,表明黑十字交点在视域外的上方。如果视域内不见黑带,转动物台,视域内将出现一条横或直立黑带,再按上述方法确定黑十字交点在视域外的位置。

找出黑十字交点位置后,就可确定视域内黑十字的那一个象限。此时可按垂直光轴切面干涉图的方法测定光性符号。干涉色低时,用石膏试板,干涉色图较多时用云母试板。

(3)平行光轴切面的干涉图

①图像特点:当光轴方向与上、下偏光镜振动方向之一平行时,为一粗大模糊的黑十字,几乎占满整个视域。转动物台,粗大黑十字从中心分裂,迅速沿光轴方

向退出视域,称闪图。

当光轴方向与上、下偏光镜振动方向 AA、PP 成 45°夹角时,视域最亮,双折率大的则出现对称的弧形干涉色带。在光轴方向上,干涉色级序由中心向两边逐渐降低;在垂直光轴方向上,干涉色级序由中心向两边逐渐增高;宝石双折率较低,则不出现弧形干涉色带,整个视域均为一级灰白干涉色。

②测定轴性方法

a. 当轴性已知,可确定切面方向,不能确定轴性。因它与二轴晶平行光轴面切面的干涉图难以区分。

b. 当轴性已知时,转动物台,黑十字分裂,退出视域方向(即光轴方向)。使光轴方向与上、下偏光镜振动方向成 45°夹角,此时视域最亮。在这种干涉图中,N_e 平行光轴方向,N_o 垂直光轴方向。加入试板后,观察整个视域内干涉色的升降变化,以补色法则确定 N_e 和 N_o 的相对大小:一、三象限降低为正光性($N_e > N_o$),反之为负光性($N_e < N_o$)。

(4)可根据 N_e 与 N_o 的相对大小,确定光性正负

$N_e < N_o$ 为一轴晶负光性;

$N_e > N_o$ 为一轴晶正光性。

2. 二轴晶

(1)计算法,即根据折射率值确定光性符号

$N_g - N_m > N_m - N_p$ 为正光性(+)

$N_g - N_m < N_m - N_p$ 为负光性(−)

(2)干涉图法,二轴晶光性符号是根据 Bxa 是 N_g 还是 N_p 来确定的

Bxa=N_g,Bxo=N_p 时为正光性(+)

Bxa=N_p,Bxa=N_g 时为负光性(−)

二轴晶宝石干涉图有五种类型。

①⊥Bxa 切面干涉图

a. 图形:由一个黑十字及 ∞ 字形色圈组成。

b. 测试:黑十字交点为 Bxa 出露点,粗带为 N_m 方向,细带为光轴面迹线方向。转动物台,黑十字分裂成两个弯曲黑带,二弧顶点间距与光轴角(2v)成正比,二弧顶点连线的垂直方向为 N_m 方向,二弧顶点为光轴出露点。这时插入试板测其光性符号:一级干涉色时用石膏板,看色级升高为负光性,降低为正光性。干涉色高时用云母板,看色圈向内移动,色级升高,为负光性,反之正光性。

∞ 字干涉图是以两个光轴出露点为中心,色序由内向外增高,圈距加密。色圈多少与折射率大小有关。

注意:当 2v 较大时,⊥Bxa 或 ⊥Bxo 切面干涉图不易区分。

②垂直一个光轴面干涉图

a. 图形：相当于⊥Bxa切面干涉图的一半，其光轴出露点位于视域中心。当光轴面(Ap)与上下偏光镜振动方向之一平行时，为一黑直带及卵形干涉色圈组成。

b. 测试：转动物台使光轴面与上下偏光镜振动方向成45°夹角时，黑带弯曲度最大，其顶点为光轴出露点，位于视域中心。

若黑带以外仅是一级灰干涉色，插入石膏板，如弧内为黄，弧外为兰，属正光性；如色圈外入内出，为正光性，反之为负光性。

③斜交光轴切面干涉图

a. 图形：相当于⊥Bxa切面干涉图的一部分，其黑带和干涉色圈不完整。干涉图有两种：垂直光轴面的斜交光轴切面干涉图，与斜交光轴面的斜交光轴切面干涉图。

b. 测试：斜交光轴切面干涉图可视为⊥Bxa切面干涉图的一部分。转动物台，根据黑带弯曲移动情况，找出弯曲黑带顶点的凸向及Bxa在视域外的方位之后，即可按⊥Bxa切面干涉图的方法测定光性符号。

c. 注意：这种干涉图，出现最多，应熟练掌握。

④垂直Bxo(钝角等分线)切面干涉图

a. 图形：如果把视域理想地扩大，其干涉图与⊥Bxa切面干涉图相似，不同的是两个光轴出露点间距较大，视域中只是干涉图的中心部分，黑十字显得粗大，干涉色圈不太明显。转动物台，黑十字很快分裂成二弯曲黑带退出视域(沿Ap方向)。当光轴面与上下偏光振动方向成45°夹角时，弯曲顶点间距最远，其顶点为光轴出露点，都在视域外。继续转物台至90°时，二弯曲黑带逐渐靠近又成一粗大的黑十字。

b. 测试：当光轴面与上下偏振方向成45°夹角时，视域中心为Bxo出露点，二曲顶点连线方向即为Bxa投影方向，垂直光轴面切线方向为N_m方向。加入试板后，根据视域内干涉色的升降变化确定光性符号：因该切面干涉图中，Bxa与Bxo的投影方向与⊥Bxa切面干涉图中位量恰好互换。插入试板后，其干涉色级序的升降变化与⊥Bxa切面干涉图中干涉色级序升降变化恰好相反。

c. 注意：一般不用这种切面测定光性符号。

⑤平行轴面(Ap)切面干涉图

a. 图形：它与一轴晶平行光轴切面干涉图相似。当Bxa与Bxo方向分别平行PP、AA时，为一粗大模糊的黑十字，几乎占满整个视域，但稍转物台(7°～12°)，便分裂并沿Bxa方向迅速退出视域，呈显出闪图。当Bxa方向与PP、AA成45°夹角时视域最亮，在Bxa方向上，从中心向两边干涉色级序降低，在Bxo方向上，从中心向两边色级稍升高或相近。当双折率高或片厚时，可看到对称的弧形干涉色带。

b. 测试：当轴性已知时，可用以测定光性符号。

根据黑带退出领域方向或 45°位置时干涉色级序较低的方向为 Bxa 方向。找出 Bxa 方位后，加入试板，根据整个视域内干涉色级序的升降变化，确定 Bxa 是 N_g 或是 N_p，确定光性符号。

或取消锥光装置，使 Bxa 方向在 45°位置，加入试板，观察干涉色升降变化，确定 Bxa 是 N_g 还是 N_p，确定光性符号。

注意：一般不用这种切面测定光性符号。

总之，通过测定折射率、光轴和光符，就可判定宝石（矿物）的属性。同样，亦适用于玉石中的矿物鉴定。

(三)组构

玉石是可用作装饰品的矿物集合体或非晶质体。其定名原则与岩石相同，即取决于物质成分、结构与构造。无论是天然玉石抑或人工玉石都一样。

1. 物质组成

玉石成分除少部分为非晶质体外，大多数为一种或多种矿物组成，玉石成分是划分玉石类型的基础。

(1) 成分鉴定

无论是晶质体（矿物）还是非晶质体（玻璃质、有机质），均可用测定宝石的方法确定其化学成分和矿物成分（种属）。

(2) 成分含量

观测组成矿物之间的相对含量比例，确定主要矿物、次要矿物以及包裹体（内含物）特征。

2. 结构

玉石（岩石）的结构，是指组成玉石的质点（矿物或玻璃质）的大小、形状及其在空间上的相互关系。结构是除矿物成分和化学成分之外的最重要的鉴定标志和分类标志。

(1) 结构因素

①质点大小：分绝对大小、相对大小。

②质点形状：结晶外形、自形程度及由相互关系所造成的其他特点（生成次序，凝固前所发生的形状的改变）。

③结晶程度：即结晶成分个体化的程度和非晶质的相对数量。

(2) 结构类型

根据玉石（岩石）的结构，可将玉石（岩石）分为沉积成因、岩浆成因和变质成因三大类。

①沉积岩型玉石的结构

A.机械沉积型结构

a.碎屑物结构:包括砾状结构、砂岩结构、粉砂结构、不等粒结构、混屑结构、斑杂结构。

b.胶结物结构:包括化学胶结结构、基底式胶结结构、孔隙式胶结结构、薄膜式胶结结构、孔隙薄膜式胶结结构、接触式胶结结构、斑点式胶结结构、溶蚀式胶结结构、再生式胶结结构以及嵌晶(含屑)与晶粒结构的等粒结构、不等粒结构、放射节壳结构、镶嵌结构、石英岩状结构、泥质结构、粉砂泥质结构,还有属粘土胶结物结构类型的微晶集合体结构、鳞片结构、蠕虫状结构、鳞片变晶结构和篙状结构等。

B.生物—化学沉积型结构

包括生物碎屑结构、生物骸结构、似块状结构、胶状结构,蚕豆状、鲕状及豆状结构等。属于这种类型结构的玉石有煤晶、硅化木、琥珀、珊瑚、孔雀石、绿松石、欧泊、玉髓和砚石等。

②岩浆岩型玉石结构

A.侵入岩型结构:包括晶质粒状结构(粗晶粒状结构、显微晶质结构)、微晶结构(斑状或无斑的微晶结构)。

B.喷出岩型结构:包括隐晶质结构(霏细结构、隐晶他形粒状结构、球粒结构)、玻璃质结构(玻基斑状结构、雏晶结构、无斑的玻璃质结构)。

C..混合型结构:包括微晶粗面结构、斜长含长结构、射线—放射线状结构、连斑—聚斑结构、多斑结构或斑流结构、含长结构等。

D.次生结构:包括碎裂结构、碎斑胶结结构、假斑状结构。

E.重结晶结构:包括格子结构、网环结构、次变边结构、蠕虫结构、后成合晶结构。

属于岩浆岩型结构的玉石有翡翠、软玉、独玉、梅花玉、牡丹石、黑曜岩、碧玉、丁香紫玉、芙蓉石、鸡血石、蛇纹石玉等。

③变质岩型玉石结构

A.区域变质型结构:包括变余砂(泥)状结构、花岗变晶结构、鳞片变晶结构、镶嵌结构、花岗纤维变晶结构、筛状变晶结构、变余花岗结构、碎裂结构、糜棱结构、变余杏仁结构等。

B.接触变质型结构:包括夕卡岩结构、角岩结构、交代结构、纤维交织结构、选择交代结构、变斑结构、网状结构等。

C.属于变质结构的玉石品种极多,如翡翠、软玉、独玉、岫玉、青金石、汉白玉、绿玉髓、密玉、回龙玉、东陵石、虎睛石、洛翠、贵翠、黑绿玉、寿山石等。

3.构造特征

玉石(岩石)的构造是由组成玉石的质点(晶质、非晶质)在空间的分布及排列所决定的玉石(岩石)内部组构。

(1)岩浆岩型构造

①喷出岩型:包括流纹构造、珍珠构造、枕状构造、多孔构造、杏仁构造、熔渣构造、浮岩构造、球状构造。

②侵入岩型:包括均一构造、斑杂构造、异离构造、球状构造、流动构造、角砾状斑杂构造、定向构造。

(2)沉积岩型构造

包括层状、薄层状构造(水平层理、斜交层理和波状层理)、混杂构造、层面痕迹构造、裂缝构造。

(3)变质岩型构造

包括片状构造、节状构造、带状构造、块状构造、层状构造、带状片状构造、平行构造、带状平行构造、瘤状构造、皱纹片状构造、片状透镜构造、片麻构造、肠状构造、眼球状构造。

二、物性测定

(一)热力性质

热针检查注入处理的宝石十分有效。若注入剂熔点较低,热针探之则会"出汗"、"冒烟",甚至出现"异味"。

(二)热导性质

热导仪可用来测定宝石的热导率,是鉴定钻石与仿钻石的主要设备。

(三)电导性质

电导仪是鉴别天然蓝色钻石和改色蓝色钻石最有效的简便手段。

(四)放射性质

用巡测器探测放射性辐照剂量,鉴定宝石是否经过放射性辐照处理。

三、成分分析

(一)X射线荧光光谱仪

对宝石化学成分中的元素进行定性定量分析,常采用波长色散光谱仪或能量色散X射线荧光光谱仪两种分光技术。因为宝石的一种元素或多种元素在用X射线照射宝石时,可激发出各种波长的荧光X射线,不同波长(或能量)的X射线具有不同的强度。用该仪器可将混合在一起的X射线按波长或能量分开,进行定性定量分析。分析的元素可从^4Be到^{92}U,而且是无损分析,分析速度快而且准确。

X射线荧光光谱仪可用来鉴定宝石种属,区分某些合成与天然宝石,以及鉴别某些改善宝石。

(二)电子探针

电子探针(EPMA)又称 X 射线显微分析仪,通常由电子枪、电子透镜、样品室、信号检测、显示系统及真空系统组成。

它利用集束后的高能电子束来轰击宝石样品表面,用点分析、面扫描分析和线扫描分析激发宝石产生特征 X 射线、二次电子、背散射电子、阴极荧光等。还经常配有 X 射线能谱仪,可定性定量地分析宝石组成元素的化学成分、表面形貌及结构特征。是一种有效、无损的宝石化学成分分析方法。

四、图谱分析

(一)红外光谱仪

红外光谱位于可见光和微波区之间(波长 $0.78\sim1\,000\mu m$),因此红外光区可分为远红外光区(波长 $25\sim1\,000\mu m$,波速 $400\sim10cm^{-1}$)、中红外光区($2.5\sim25\mu m$、$4\,000\sim400cm^{-1}$)和近红外光区($0.78\sim2.5\mu m$、$12\,820\sim4\,000cm^{-1}$)。

宝石在红外光的照射下,引起晶格(分子)络阴离子团和配位基的振动能级发生跃迁,并吸收相应的红外光而产生带状红外光谱。利用傅立叶变换红外光谱仪(色散型和干涉型)的透射法或反射法,来分析宝石中的羟基、水分子、钻石中杂质原子的存在形式及类型划分、人工充填处理宝玉石的鉴别、相似宝石种类的鉴别以及仿古玉的鉴定等。

红外吸收光谱是宝石分子结构的具体反映。通常宝石内分子或官能团在红外吸收光谱中分别具有自己特定的红外吸收区域,依据特征的红外吸收谱带的数目、波数位及位移、谱形及谱带强度、谱带分裂状态等项内容,有助于对宝石的红外吸收光谱进行定性表征,获得宝石鉴定相关的重要信息。

(二)激光拉曼光谱仪

拉曼光谱能对宝石微区进行快速无损判断出宝石中分子振动的固有频率,判断分子的对称性、分子内部作用力的大小及一般分子动力学的性质,为珠宝鉴定者提供了宝石中分子成分、分子配位体结构、分子基团结构单元、矿物中离子的有序-无序占位等快速、有效的检测手段。如判断宝石中包裹体的成分及成因类型、人工处理宝石的鉴定、相似宝玉石品种的鉴别等。

(三)紫外-可见分光光度计

紫外-可见吸收光谱是在电磁辐射作用下,由宝石中原子、离子、分子的价电子和分子轨道上的电子在电子能级间的跃迁而产生的一种分子吸收光谱。常见三种紫外可见吸收光谱类型:d 电子跃迁吸收光谱、f 电子跃迁吸收光谱和电荷转移(迁移)吸收光谱。

紫外-可见分光光度计类型很多,常用于宝石检测的是双光束分光光度计,测试方法可分为直接投射法和反射法两类。直接透射法所获得的信息十分有限,特别是不透明宝石或底部包镶的宝石饰品,难以测其吸收光谱。

紫外-可见分光光度计可用来检测改善宝石,区分某些合成宝石与天然宝石,探讨宝石呈色机理等。

(四)阴极发光仪

阴极发光仪作为一种无损检测方法,近年来在宝石测试研究中得以广泛利用。

宝石发光常与其微量杂质原子(离子)或晶格缺陷有关。这些杂质或缺陷在禁带中常形成一些分立(施主)能级,在阴极射线激发下,其价带电子被激发到导带,在价带中形成空穴,导带中形成自由电子。因能量转变为光子能量而发光。不同种类的宝石或同种类不同成因的宝石,在电子束激发下会发出不同颜色或不同强度的光。同时,一些与晶体生长环境相关的晶体结构或生长纹也可得以显示。

近年来,阴极发光技术在鉴定宝石方面获得了很大发展,它不但可用来区分天然与合成的钻石,还可用以鉴别天然与合成的祖母绿、天然翡翠与处理翡翠以及合成红(蓝)宝石与天然红(蓝)宝石等。

五、结构分析

(一)X射线衍射法

该法是矿物结构分析中较为成熟而有效的方法,近年来,随着电子计算机的应用和电子控制衍射仪的问世,方法有显著改进。出现了一些自动化单晶X射线衍射仪、聚晶高效衍射仪、自动小角度X射线衍射仪、由电子计算机控制并组装在一起的X射线衍射仪以及与X射线光谱仪组装在一起,掀动电钮即可更换用途的X射线光谱、X射线衍射两用的仪器等,还出现了一些型号的高压单晶衍射仪。有的采用新型胶片,可把拍摄X射线衍射图像的曝光时间缩短到原来的十分之一,并能降低成本。有的采用了样品转换器,这种自动化装置,可提高工效3倍。X射线分析(XRD)方法很多,可归纳为单晶和粉晶法两类。单晶法主要用于确定晶体的空间群,测定晶胞参数,各原子或离子在单位晶胞内的坐标、链长和键角等,也可用于物相鉴定,绘制晶体结构图。粉晶法简便,快速,灵敏度高,分辨能力强,准确度高。主要用于鉴定结晶物质的物相,精确测定晶胞参数,尤其对鉴定粘土矿物及确定同质多相变体、多型、结构的有序—无序等特别有效。目前广泛用于矿物(宝石)或混合物(玉石)之物相的定性或定量分析。

(二)电子显微镜

利用电子显微镜观测小于$1\mu m$的矿物颗粒形态、连晶及表面构造,晶体内部结构和缺陷以及矿物相转变。利用高压电子显微镜、扫描电子显微镜、微探针和电子显微镜衍射技术组合,特别是透射型电子显微镜、电子显微衍射和电子探针三者的组合等,成功地推导矿物公式、观察混溶性界限、查明稀有和分散元素在矿物中的赋存状态,说明矿物成分与化学计算比值间的差异或反射率、显微硬度和密度间的差异,并可查明出现矿物非均匀性的原因等。

(三)穆斯堡尔谱仪

该仪器在矿物学研究中,可探讨固体内部的磁场和电场梯度强度、晶体的化学键性质、固体的相变、晶格的振动(杂质原子和晶体缺陷)、辐射对物质的损害或核衰变引起的物质结构变化。

(四)各种磁共振方法

(1)电子顺磁共振法

与其他方法配合可解决矿物晶体学中的如价态、配位数、局部结晶场对称性、对称轴方向、结晶场中各种物质成分的数量、键的共价程度、晶格中不等价位置的存在及其相互取向、晶位、二价置换的电荷补偿机理、分子轨道、矿物的电子结构、有序和无序现象、晶体的缺陷和色心等问题。在类质同像方面,可查明杂质元素的赋存状态和位置,同时也定量或半定量地测定杂质元素的含量。

(2)顺磁共振法

可对各种天然晶体进行广泛研究,特别是了解晶体的杂质和能级结构,有助于发现新的激光器原料。

(3)核磁共振法

是以原子核为探针研究物质结构的方法,即利用核磁共振数据来研究晶体磁场、晶体点阵的运动、晶体缺陷、扩散现象和化学反应等情况。还可提供矿物中的吸附水、层间水、结构水、沸石水的显微性质、水化作用和脱水作用的机理等。

(4)核四级共振法

与核磁共振接近,是由于核四级级距有关的能级之间转变而产生的。在无外磁场条件下,可在中、长波范围内看到共振吸收现象;对于分子和晶体结构的最细小部分有极高的灵敏度,甚至比核磁共振的灵敏度更高。这些方法已用来研究矿物中最重要的原子的同位素。

鉴定和研究珠宝玉石(岩石矿物)的主要方法,列表于下(表7-1)。

表7-1 宝玉石主要检验方法一览表

测试方法 \ 检验内容	化学成分	晶体结构	晶体形貌	物理性质
化学分析	○			
光谱分析	○			Ⅱ

续表 7-1

测试方法 \ 检验内容	化学成分	晶体结构	晶体形貌	物理性质
原子吸收光谱	○			
X射线荧光光谱	○			
等离子体发射光谱	○			
激光显微光谱	○			
原子荧光光谱	○			
极谱分析	○			
质谱分析	○			
中子活化分析	○			
电子探针分析	○			
扫描电子显微镜	○		○	
透射电子显微镜	○	○	○	
X射线分析		○		
红外吸收光谱	○	○		
激光拉曼光谱	○	○		
穆斯堡尔谱	○	○		
紫外-可见光吸收光谱		○		○
电子顺磁共振		○		○
核磁共振		○		
隧道电子显微镜		○	○	
双目立体显微镜			○	○
测角法			○	
相衬显微镜			○	
光学显微镜			○	○
热分析	○	○		○
热发光分析				○
热电性分析				○

资料来源:赵珊茸等 2004 年。

需要提及的是，人工宝石的鉴定和研究方法很多，随工作的目的和要求的不同而异。不同方法各有其特点，它们对样品要求及所能解决的问题也各不相同。有简便的肉眼鉴定，也有常规的测试手段和现代化仪器分析方法。但肉眼鉴定是其中最简便、易行和快速的方法，它是鉴定和研究人工宝石的基础，是每个从事珠宝工作者必备的基本技能之一，即使有时很难做出惟一的确切定名，也至少可以将特定对象缩小到少数几种可能的宝石范围内，根据人工珠宝玉石的形态、琢型和物理性质等最直观的特征，获得必要的信息，以便选择适当的方法进一步鉴定。因此，需要我们在平时的学习和工作中，不断实践和总结，通过眼看、手感、比对凭经验就能直接快速的对市场上出现的近百种常见人工珠宝玉石及其饰品做出认定。

主要参考文献

CIBJO. 钻石. 宝石. 珍珠(1995年版).
DB41/437-2006 珠宝玉石标识规定.
GB/T16552-2003 珠宝玉石名称.
GB/T16553-2003 珠宝玉石鉴定.
曹姝旻等. GE合成翡翠的宝石学特征. 宝石和宝石学杂志, 2006(1).
陈全莉等. 绿松石及其处理品与仿制品的红外吸收光谱表征. 宝石和宝石学杂志, 2006(1).
董秉宇. 钻石的辐射着色处理, 色心及光谱特征. 国外非金属矿与宝石, 1990(4), (5).
何雪梅, 沈才卿. 宝石人工合成技术. 北京: 化学工业出版社, 2005.
经和贞等. 人造石英晶体技术. 北京: 科学出版社, 1992.
孔德谆. 化学热处理原理. 北京: 航空工业出版社, 1992.
李承华. 辐射技术基础. 北京: 原子能出版社, 1988.
李德惠. 晶体光学. 北京: 地质出版社, 2002.
李娅莉等. 宝石学基础教程. 北京: 地质出版社, 2002.
廖宗廷等. 中国玉石学概论. 武汉: 中国地质大学出版社, 2007.
刘丽君, 施光海. 合成绿松石的鉴别. 宝石和宝石学杂志, 2005(3).
刘瑞等. 宝石学基础. 北京: 地质出版社, 2007.
吕新彪, 李珍. 天然宝石人工改善及检验的原理与方法. 武汉: 中国地质大学出版社, 1995.
马扬威等. 压制处理琥珀的鉴定. 宝石学杂志, 2006(8).
孟繁杰等. 热处理设备. 北京: 机械工业出版社, 1987.
沈才卿. 高温高压合成翡翠. 中国宝石, 1995(1).
吴舜田. 最新钻石模仿品. 宝石和宝石学杂志, 1999(2).
吴伟娟, 段体玉. 合成碳化硅的特征及鉴别. 宝石和宝石学杂志, 1999(3).
薛秦芳. 天然欧泊、合成欧泊、塑料欧泊的鉴别研究. 宝石和宝石学杂志, 1999(2).
袁心强. 翡翠宝石学. 武汉: 中国地质大学出版社, 2004.
张蓓莉主编. 系统宝石学. 北京: 地质出版社, 2006.
赵建刚等. 宝石鉴定仪器与鉴定方法. 武汉: 中国地质大学出版社, 2007.
赵珊茸主编. 结晶学与矿物学. 北京: 高等教育出版社, 2005.
卓薇译. 合成莫依桑石的鉴别. 宝石和宝石学杂志, 1999(2).

(图版1)脱玻化玻璃"海底植物园"

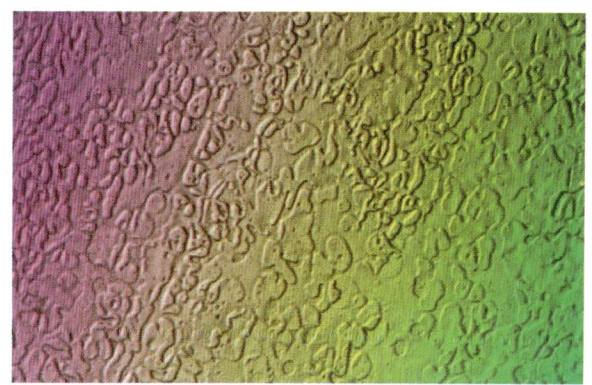

(图版2)拼合石粘结层中的不均匀性

(图版3)合成祖母绿中缕状"羽裂纹"与"面纱"

(图版 4) 合成红宝石中弧形生长纹与串状收缩泡

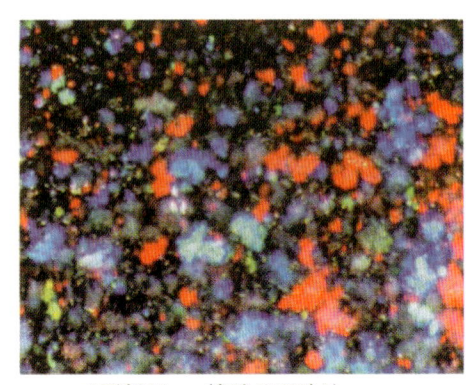

(图版7) 糖酸处理欧泊

(图版5) 合成尖晶石中玻璃束与气泡

(图版 6) 合成蓝宝石中铂片包体

(图版 8) 塑料仿琥珀

（图版 9） 高温高压合成钻石

（图版 10）人造钇铝榴石　　　　　　　（图版 11） 吉尔森合成欧泊

（图版 12）合成翡翠

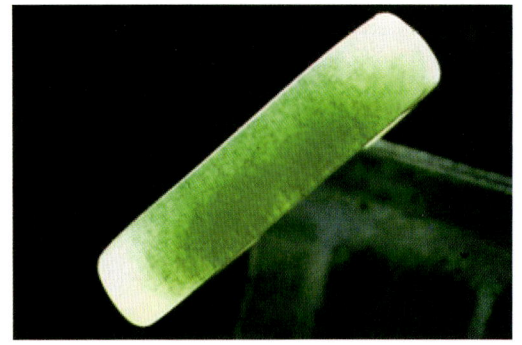

（图版 13） 染色翡翠的颜色分布　　　　　　　　（图版 14） 注塑绿松石

（图版 15）　辐照改色托帕石

(图版 16)　扩散处理蓝宝石　　　　　　　（图 17）染色处理珍珠